钢筋混凝土结构工程施工技术研究

张 磊 著

湘潭大学出版社
XIANGTAN UNIVERSITY PRESS

图书在版编目（CIP）数据

钢筋混凝土结构工程施工技术研究 / 张磊著. -- 湘潭 : 湘潭大学出版社, 2023.5
ISBN 978-7-5687-1127-2

Ⅰ. ①钢… Ⅱ. ①张… Ⅲ. ①钢筋混凝土结构－工程施工－研究 Ⅳ. ①TU755

中国国家版本馆CIP数据核字（2023）第102460号

钢筋混凝土结构工程施工技术研究

GANGJIN HUNNINGTU JIEGOU GONGCHENG SHIGONG JISHU YANJIU

张磊 著

责任编辑：丁立松
封面设计：清 清
出版发行：湘潭大学出版社
社 址：湖南省湘潭大学工程训练大楼
电 话：0731-58298960 0731-58298966（传真）
邮 编：411105
网 址：http://press.xtu.edu.cn/
印 刷：长沙创峰印务有限公司
经 销：湖南省新华书店
开 本：710 mm×1000 mm 1/16
印 张：9.25
字 数：162千字
版 次：2023年5月第1版
印 次：2023年5月第1次印刷
书 号：ISBN 978-7-5687-1127-2
定 价：59.00元

前　言/Preface

随着时代的发展，国家在建筑工程方面有了不小的进步，建筑物数量不断增多，人民生活得到了极大的改善，大家对于建筑物性能又提出了新的要求。建筑物是人类生存和生活的重要基础设施，而钢筋混凝土构件作为现阶段建筑过程中的重要结构，具备了一定的先进作用。它由于本身存在诸多优点，因此在生活中得到了非常广泛的应用。建筑物是一个整体性的复杂结构，其中每一个结构的稳定性和牢固性都能够对建筑工程的质量起到一定的影响作用，因此，只有对钢筋混凝土结构方面着重做好工作，才能够在未来的建筑设计中获得良好的效果。

但是由于在建筑过程中，很多公司为了增加本身的经济利益。在开发建筑项目的时候偷工减料，这就导致建筑项目出现许多质量问题，有些甚至会波及人身安全。所以调整混凝土技术标准、规范施工方式以及加强施工结构技术管理是非常重要的。

本书主要分为五章。第一章是关于混凝土原材料以及混凝土结构、施工方面的内容，让读者对混凝土结构工程施工技术有一个简单的了解；第二章是钢筋混凝土墙柱施工技术分析研究，内容包含了柱平法施工图的相关知识，并且将墙柱施工技术进行详细说明，将柱混凝土施工技术与养护以及剪力墙结构特点与构造要求进行阐述；第三章是钢筋混凝土梁施工技术分析研究，内容包含了梁平法施工图的相关知识，将梁施工技术中的梁钢筋加工与绑扎、梁模板安装技术以及梁混凝土浇筑技术进行详细说明；第四章是钢筋混凝土板施工技术分析研究，内容包含了板施工图的识读过程、板钢筋加工与绑扎、楼板模型构造与安装技术以及板（梁）的混凝土浇筑技术；第五章是钢筋混凝土楼梯施工技术分析研究，在楼梯结构与模板、制作与安装以及楼梯浇筑技术方面着重进行说明研究。

本书在编写时本着科学、严谨的态度，用最通俗易懂的语言进行表述，将理论与实践相结合，应用性较强，为读者充分了解钢筋混凝土结构工程施工技术提供了主要途径。本书以钢筋混凝土结构工程为主线，重点介绍了墙柱施工、梁施工、板施工和楼梯施工四大技术。做到各章节内容互相独立又互相衔接，有助于读者了解和掌握基本概念和应用技术常识，帮助读者解决工程实际问题。

在本书的编写过程中，我们参阅并引用了国内学者的有关著作和论述，并从中受到了启迪，特向他们表示诚挚的敬意。由于我们知识与经验的局限性，书中的错误和疏漏之处在所难免，恳请广大读者提出宝贵意见和建议，以便我们的学术水平能不断提升。本书可作为从事建筑工程技术专业的学生或者技术人员的参考用书。

目　录/Contents

第一章　绪　论

作为国民经济的支柱产业，建筑业在中国的经济建设中发挥着重要作用。中国城市发展进程的需求导致了越来越多的大型和高层建筑的建设，其中大部分是由钢筋混凝土制成的。此外，混凝土原材料质量关乎着混凝土的整体性能，同时也影响着建筑工程的整体质量。

第一节　混凝土原材料分析

一、水泥及水

（一）水泥

水泥（Cement）：一种细磨材料，与水混合形成塑性浆体后，既能在空气中凝结硬化也能在水中凝结硬化，并保持强度和尺寸稳定性的无机水硬性胶凝材料。水泥是混凝土的最重要组成材料之一，也是决定混凝土性能的最重要部分。

水泥的种类很多，按《水泥的命名原则和术语》（GB/T 4131）规定，水泥根据用途和性能可分为通用水泥和特种水泥。通用水泥是指一般土木建筑工程通常采用的水泥，包括硅酸盐水泥、普通硅酸盐水泥、矿渣硅酸盐水泥、火山灰质硅酸盐水泥、粉煤灰硅酸盐水泥、复合硅酸盐水泥六大硅酸盐系水泥。特种水泥是指具有特殊性能或用途的水泥，主要用于特殊或专门的建筑工程，例如，快硬硅酸盐水泥、中热/低热硅酸盐水泥、抗硫酸盐硅酸盐水泥、白色/彩色硅酸盐水泥、膨胀硫铝酸盐水泥、自应力铝酸盐水泥、油井水泥、砌筑水泥、道路水泥等。水泥也可按其组成分为硅酸盐水泥、铝酸盐水泥、硫铝酸盐水泥、氟铝酸盐水泥、铁铝酸盐水泥等类型。不同品种的水泥具有不同的特性，在选用时应予以注意。

1. 通用水泥

《通用硅酸盐水泥》（GB 175—2007）规定，以硅酸盐水泥熟料和适量的石膏及规定的混合材料制成的水硬性胶凝材料，称为通用硅酸盐水泥（Common Portland Cement，简称通用水泥）。本标准规定的通用硅酸盐水泥按混合材料的品种和掺量分为硅酸盐水泥、普通硅酸盐水泥、矿渣硅酸盐水泥、火山灰质硅酸盐水泥、粉煤灰硅酸盐水泥和复合硅酸盐水泥。后 4 种又称为掺混合材料的硅酸盐水泥。

（1）硅酸盐水泥

凡由硅酸盐水泥熟料、质量分数为 0~5%的石灰石或粒化高炉矿渣、适量石膏磨细制成的水硬性胶凝材料，称为硅酸盐水泥（国外通称为波特兰水泥）。硅酸盐水泥分两类：不掺加混合材料的称Ⅰ型硅酸盐水泥，代号为 P·Ⅰ；掺入不超过水泥质量 5%的石灰石或粒化高炉矿渣的称Ⅱ型硅酸盐水泥，代号为 P·Ⅱ。

硅酸盐水泥的特性与应用。

①凝结硬化快，早期及后期强度均较高。适用于有早期强度要求的工程（如冬季施工、预制、现浇等工程）和高强度混凝土工程（如预应力钢筋混凝土、大坝溢流面部位混凝土）。

②抗冻性好。适合水工混凝土和抗冻性要求高的工程。

③耐磨性好。适用于高速公路、道路和地面工程。

④抗碳化性好。因水化后氢氧化钙含量较多，故水泥石的碱度较高，对钢筋的保护作用强。适用于空气中二氧化碳浓度较高的环境。

⑤耐侵蚀性差。因水化后氢氧化钙和水化铝酸钙的含量较多，不宜用于有侵蚀性要求的工程，特别是硫酸盐浓度较高的环境。

⑥水化热高。不宜用于大体积混凝土工程（如采用硅酸盐水泥配制大体积混凝土时，需加入大量的矿物掺合料），但有利于低温季节蓄热法施工。

⑦耐热性差。因水化后氢氧化钙含量高，不适用于承受高温作用的混凝土工程。

（2）掺混合材料的硅酸盐水泥

①普通硅酸盐水泥

凡由硅酸盐水泥熟料，质量分数大于 5%且不大于 20%的活性混合材料和适量石膏磨细制成的水硬性胶凝材料称为普通硅酸盐水泥（简称普硅水泥），代号为P·O。其中允许用不超过水泥质量8%且符合规定的非活性混合材料或不超过水泥质量5%且符合规定的窑灰代替活性混合材料。

《通用硅酸盐水泥》规定，普通硅酸盐水泥分为42.5、42.5R、52.5、52.5R共4个强度等级。

普通硅酸盐水泥加水拌和后，首先是水泥熟料中各矿物发生水化反应，其中硅酸盐矿物水化形成的氢氧化钙作为激发剂有助于加速混合材料的溶解，显著提升混合材料的化学反应活性，还可与混合材料中的活性二氧化硅或氧化铝反应化合成水化硅酸钙、水化铝酸钙、水化硫铝酸钙（石膏存在情况下）等水化产物。这一水化过程发生在熟料水化之后，因此称为“二次水化”，其作用可使水泥石的密实度、强度、抗渗性等有明显改善，但因二次水化发生在相对较晚的阶段，再加上水泥中熟料含量降低，对水泥的早期强度有一定影响。

与硅酸盐水泥相比，普通硅酸盐水泥的主要性能特点如下：

a. 早期强度略低，后期强度较高。

b. 水化热略低。

c. 抗渗性和抗冻性好，抗碳化能力强。

d. 抗侵蚀能力较好。

e. 耐磨性、耐热性较好。

普通硅酸盐水泥的应用范围和硅酸盐水泥基本相同。

②矿渣硅酸盐水泥、火山灰质硅酸盐水泥、粉煤灰硅酸盐水泥和复合硅酸盐水泥

a. 定义及组成。矿渣硅酸盐水泥：凡由硅酸盐水泥熟料、质量分数大于20%且不大于70%的粒化高炉矿渣和适量石膏磨细制成的水硬性胶凝材料，称为矿渣硅酸盐水泥（简称矿渣水泥），代号为P·S，它分为A型和B型。矿渣掺量大于20%且不大于50%的水泥称为A型，代号为P·S·A；矿渣掺量大于50%且不大于70%的水泥称为B型，代号为P·S·B。其中允许用不超过水泥质量8%且符合规定的活性混合材料、非活性混合材料或窑灰代替。

火山灰质硅酸盐水泥：凡由硅酸盐水泥熟料、质量分数大于20%且不大于40%的火山灰质混合材料和适量石膏磨细制成的水硬性胶凝材料，称为火山灰质硅酸盐水泥（简称火山灰水泥），代号为P·P。

粉煤灰硅酸盐水泥：凡由硅酸盐水泥熟料、质量分数大于20%且不大于40%的粉煤灰和适量石膏磨细制成的水硬性胶凝材料，称为粉煤灰硅酸盐水泥（简称粉煤灰水泥），代号为P・F。

复合硅酸盐水泥：凡由硅酸盐水泥熟料、两种或两种以上符合规定的活性混合材料和/或非活性混合材料（质量分数之和大于20%且不大于50%）以及适量石膏磨细制成的水硬性胶凝材料，称为复合硅酸盐水泥（简称复合水泥），代号为P・C。其中允许用不超过水泥质量8%且符合规定的窑灰代替。

b. 技术要求。细度、凝结时间和体积安定性要求与普通硅酸盐水泥相同。水泥中氧化镁的质量分数不超过6.0%。如超过6.0%，需进行水泥压蒸安定性试验。矿渣水泥中三氧化硫的质量分数不得超过4.0%。火山灰质硅酸盐水泥、粉煤灰硅酸盐水泥和复合硅酸盐水泥中三氧化硫的质量分数不得超过3.5%。水泥强度等级按规定龄期的抗压强度和抗折强度来划分，分为32.5、32.5R、42.5、42.5R、52.5、52.5R。

c. 水化过程。矿渣硅酸盐水泥、火山灰质硅酸盐水泥、粉煤灰硅酸盐水泥和复合硅酸盐水泥的水化过程与普通硅酸盐水泥相似，均包括先后发生的水泥熟料水化和混合材料的“二次水化”过程，不过由于混合材料的掺量更高、熟料更少，因此相应水泥的水化反应速度更慢，早期强度更低，水化热也明显减少。

2. 特种水泥

为了满足各种工程的施工要求，往往还需要一些具有特殊性能或用途的水泥，如中热/低热硅酸盐水泥、白色和彩色硅酸盐水泥、抗硫酸盐硅酸盐水泥、道路硅酸盐水泥、铝酸盐水泥、硫铝酸盐水泥等。

（1）白色和彩色硅酸盐水泥

硅酸盐水泥呈暗灰色，主要原因是其含 Fe_2O_3 较多（Fe_2O_3 的质量分数为3%~4%）。当 Fe_2O_3 质量分数在0.5%以下，则水泥接近白色。白色硅酸盐水泥的生产要求严格控制 Fe_2O_3 的质量分数，主要是选用少含 Fe_2O_3 的原料，在水泥生产特别是粉磨过程中采用适当工艺措施，避免 Fe_2O_3 的混入，同时尽可能减少 MnO_2、TiO_2 等着色氧化物。白色硅酸盐水泥生产配料中，生料的铝率较高（可达4.0，正常为1.4~1.7），熟料煅烧需要在更高温度下（>1 600 ℃）进行，导致白水泥生产成本显著提高。

由氧化铁含量少的硅酸盐水泥熟料、适量石膏以及符合规定的混合材料，磨细制成的水硬性胶凝材料，称为白色硅酸盐水泥（简称白水泥），代号为P·W。白水泥生产过程中允许加入占水泥质量0~10%的石灰石或窑灰作为混合材料，要求石灰石中Al_2O_3的质量分数应不超过2.5%。《白色硅酸盐水泥》（GB/T 2015—2017）规定，白色硅酸盐水泥划分为32.5、42.5、52.5共3个强度等级，白色硅酸盐水泥的其他性能指标与掺混合材料水泥基本相同。白水泥的白度是将水泥样品装入标准压样器中，压成表面平整、无纹理、无疵点、无污点的白板，置于光谱测色仪或光电积分测色仪中，测其三刺激值，以此计算出水泥的白度，要求不低于87。

在白色水泥熟料中加入适量石膏和着色剂，共同磨细后可制成彩色硅酸盐水泥（简称彩色水泥）。为控制生产成本，也可采用颜色较浅的硅酸盐水泥熟料代替白水泥。《彩色硅酸盐水泥》（JC/T 870—2012）对彩色硅酸盐水泥的技术指标做出了具体要求。彩色硅酸盐水泥中加入的着色剂（颜料）必须具有良好的抗碱性和大气稳定性，不溶于水，分散性好，不参与水泥的水化反应，对水泥的组成和特性无破坏作用等特点。常用的颜料有氧化铁（黑、红、褐、黄色）、二氧化锰（黑、褐色）、氧化铬（绿色）、氧化钴（蓝色）等。

白水泥和彩色水泥主要用于建筑物内外的装饰，如地面、楼面、墙柱、台阶，以及建筑立面的线条、装饰图案、雕塑等。配以彩色大理石、白云石石子和石英砂作为粗细骨料，可拌制成彩色砂浆和混凝土，做成水磨石、水刷石、斩假石等饰面，起到艺术装饰的作用。

（2）道路硅酸盐水泥

随着经济建设的发展，高等级公路越来越多，水泥混凝土路面已成为主要路面之一。专供公路、城市道路和机场跑道所用的道路水泥为专用水泥，并制定了《道路硅酸盐水泥》（GB/T 13693—2017）。

以道路硅酸盐水泥熟料、适量石膏，以及符合规定的混合材料，磨细制成的水硬性胶凝材料称为道路硅酸盐水泥（简称道路水泥），代号为P·R。所采用混合材料应为符合规定的F类粉煤灰、粒化高炉矿渣、粒化电炉磷渣或钢渣，掺量以水泥的质量分数计为0~10%。

道路硅酸盐水泥熟料是以硅酸钙为主要成分并且含有较多的铁铝酸四钙的水泥熟料。在道路硅酸盐水泥中，熟料的化学组成和硅酸盐水泥是颇为类似的，只是水泥中的铝酸三钙的质量分数不得大于 5.0%，铁铝酸四钙的质量分数不得小于 15%。

与其他水泥相比，道路硅酸盐水泥的技术特点如下：

①细度：比表面积为 300～450 $m^2 \cdot kg^{-1}$。

②凝结时间：初凝时间不早于 1.5 h，终凝时间不得迟于 12 h。

③干缩性：根据国家标准规定水泥的干缩性试验方法，28 d 的干缩率不得大于 0.10%。

④耐磨性：根据国家标准规定的试验方法，28 d 的磨耗值不得大于 3.00 $kg \cdot m^{-2}$。

⑤强度等级：道路硅酸盐水泥分 32.5、42.5、52.5 共 3 个强度等级，各龄期的强度值不得低于表 1-1 所示。

表 1-1　道路硅酸盐水泥的强度

强度等级	抗压强度/MPa		抗折强度/MPa	
	3 d	28 d	3 d	28 d
32.5	≥16.0	≥32.5	3.5	≥6.5
42.5	≥21.0	≥42.5	4.0	≥7.0
52.5	≥26.0	≥52.5	5.0	≥7.5

道路硅酸盐水泥的抗折强度高，干缩小，耐磨性强，抗冻性、抗冲击性、抗硫酸盐性能好，可减少混凝土路面的温度裂缝和磨耗，削减路面维修费用，延长使用年限，适用于公路路面、机场跑道、城市人流较多的广场等工程的面层混凝土。工程实践中也可以采用符合《钢渣道路水泥》（GB/T 25029—2010）规定的钢渣道路水泥，其基本组成为 10%～40%的钢渣、0～10%的矿渣以及适量的硅酸盐水泥熟料和石膏。

（3）石灰石、磷渣、镁渣硅酸盐水泥

为充分利用工业灰渣，降低水泥的能耗与污染，同时满足工程实践的需要，以硅酸盐水泥熟料、适量石膏和一定比例的石灰石、磷渣或镁渣作为混合材料，磨细制成的水硬性胶凝材料，其成分及性能指标应符合建材行业标准《石灰石硅酸盐水泥》（JC/T 600—2010）、《磷渣硅酸盐水泥》（JC/T 740—2006）和《镁渣硅酸盐水泥》（GB/T 23933—2009）的要求。根据相关标准规定，石灰石硅酸盐水泥（代号为 P·L）中石灰石的质量分数为 10%～

25%；磷渣硅酸盐水泥（代号为 PPS）中粒化电炉磷渣的质量分数为 20%～50%，镁渣硅酸盐水泥（代号为 P·M）中镁渣的质量分数为 12%～25%。

石灰石硅酸盐水泥分为 32.5、32.5R、42.5、42.5R 共 4 个强度等级，磷渣、镁渣硅酸盐水泥分为 32.5、32.5R、42.5、42.5R、52.5、52.5R 共 6 个强度等级。

（4）铝酸盐水泥

①定义。以钙质和铝质材料为主要原料，按适当比例配制成生料，煅烧至完全或部分熔融，并经冷却所得以铝酸钙为主要矿物组成的产物，称为铝酸盐水泥熟料，由铝酸盐水泥熟料磨细制成的水硬性胶凝材料，称为铝酸盐水泥，代号为 CA。

②分类

铝酸盐水泥按 Al_2O_3 质量分数分为 4 个品种：

a. CA50。50%≤Al_2O_3 质量分数<60%，该品种根据强度分为 CA50-Ⅰ、CA50-Ⅱ、CA50-Ⅲ、CA50-Ⅳ。

b. CA60。60%≤Al_2O_3 质量分数<68%，该品种根据主要矿物成分分为 CA60—Ⅰ（以铝酸一钙为主）、CA60—Ⅱ（以铝酸二钙为主）。

c. CA70。68%≤Al_2O_3 质量分数<77%。

d. CA80。Al_2O_3 质量分数≥77%。

③性能及应用。铝酸盐水泥加水后，熟料矿物迅速与水发生水化反应，生成含水铝酸一钙（CAH_{10}）、含水铝酸二钙（C_2AH_8）和铝胶（AH_3），使水泥获得较高的强度。其 1 d 强度可达 3d 强度的 80%，3 d 强度即可达到普通硅酸盐水泥 28 d 的强度。但由于 CAH_{10} 和 C_2AH_8 是不稳定的，在温度高于 30 ℃的潮湿环境中，会逐渐转化为比较稳定的含水铝酸三钙（C_3AH_6），温度越高转化速度越快，并析出游离水，增大了孔隙体积。同时由于 C_3AH_6 晶体本身缺陷较多、强度较低，会降低水泥石的强度，使铝酸盐水泥混凝土的长期强度有降低的趋势。此外，铝酸盐水泥的初期水化热比较大，1d 内即可放出水化热总量的 70%～80%。

因此，铝酸盐水泥主要用于早期强度要求高的特殊工程，如紧急军事工程、抢修工程等，也可用于寒冷地区冬季施工的混凝土工程，但不宜用于大体积混凝土工程及长期承重的结构和高温潮湿环境中的工程。

虽然铝酸盐水泥硬化时不宜在较高温度下进行，但硬化后的水泥石在高温下（1 000 ℃以上）仍能保持较高的强度。这是因为铝酸盐水泥在高温时水化物发生固相反应，以烧结结合取代了水化结合。如果采用耐火的粗、细骨料（铬铁矿等），可以配制使用温度达 1 300~1 400 ℃的耐火混凝土。

由于铝酸盐水泥水化时没有氢氧化钙生成，水化生成的铝胶使水泥石结构致密，抗渗性好，同时具有良好的抗硫酸盐侵蚀等性能，因此可用于有抗渗、抗硫酸盐要求的混凝土工程。但铝酸盐水泥的抗碱性较差，不适于有碱溶液侵蚀的工程。此外，应严禁铝酸盐水泥与硅酸盐水泥、石灰等材料混用，以免产生瞬凝现象。

（5）硫铝酸盐水泥

①定义及技术指标。以适当成分的生料，经煅烧所得以无水硫铝酸钙和硅酸二钙为主要矿物成分的熟料，掺加不同量的石灰石、适量石膏，共同磨细制成的具有水硬性的胶凝材料，称为硫铝酸盐水泥。《硫铝酸盐水泥》（GB/T 20472—2006）规定，硫铝酸盐水泥熟料中 Al_2O_3 的质量分数应不小于 30. 0%，SiO_2 的质量分数应不大于 10. 5%，用于配制自应力硫铝酸盐水泥的熟料则进一步要求 Al_2O_3 与 SiO_2 的质量比应不大于 6. 0。以符合要求的硫铝酸盐水泥熟料为基础，加入不同掺量的石灰石（要求 CaO 质量分数大于 50%，Al_2O_3 质量分数不大于 2. 0%），所得硫铝酸盐水泥的性能有一定改变。根据其成分和性能特点，硫铝酸盐水泥可分为快硬硫铝酸盐水泥（代号为 R · SAC）、低碱度硫铝酸盐水泥（代号为 L · SAC）和自应力硫铝酸盐水泥（代号为 S · SAC），其中快硬硫铝酸盐水泥按 3 d 抗压强度分为 42. 5、52. 5、62. 5、72. 5 共 4 个强度等级，低碱度硫铝酸盐水泥按 7 d 抗压强度分为 32. 5、42. 5、52. 5 共 3 个强度等级，自应力硫铝酸盐水泥以 28 d 自应力值分为 3. 0、3. 5、4. 0、4. 5 共 4 个自应力等级。

②硫铝酸盐水泥的水化硬化特性及应用。硫铝酸盐水泥熟料中的无水硫铝酸钙水化速度快，可掺入石膏迅速发生反应，反应生成大量的钙矾石晶体和铝胶；所生成的钙矾石构建起坚硬的水泥石骨架，铝胶则填充于骨架空隙之中，浆体中的水分则因水化的进行而大量消耗，致使水泥快速发生凝结，并获得较高的早期强度。后续水化过程中，C_2S 也开始不断水化，生成水化硅酸钙凝胶和氢氧化钙晶体，可使硫铝酸盐水泥的后期强度进一步提升。因此，各类型硫铝酸盐水泥均具有早期强度高，硬化后水泥石结构致密，孔隙率低，体积稳定、不收缩甚至微膨胀，抗渗性好，碱度低，抗硫酸盐侵蚀

能力强，但耐热性差等特点。快硬硫铝酸盐水泥中石灰石掺加量不大于水泥质量的15%，因此水泥的早期强度高，主要用于配制早强、抗渗、抗硫酸盐侵蚀的混凝土工程，也可用于冬季施工、浆锚、喷锚支护、节点、抢修、堵漏等工程；低碱度硫铝酸盐水泥中石灰石的掺加量为水泥质量的15%～35%，因此水泥石的碱度低，主要用于制作玻璃纤维增强水泥制品。

③其他品种硫铝酸盐水泥。快凝快硬硫铝酸盐水泥（简称双快水泥），特点是凝结硬化快、小时强度高，同时具有微膨胀、长期强度稳定、低温下可正常硬化等优点，其具体技术指标应符合《快凝快硬硫铝酸盐水泥》（JC/T 2282—2014）的规定。双快水泥主要用于紧急抢修工程、地下工程、隧道工程、锚喷支护、截水堵漏、公路等。

（二）水

混凝土用水是混凝土拌合用水与混凝土养护用水的总称，包括饮用水、地表水、地下水、再生水、混凝土企业设备洗刷水和海水等。《混凝土用水标准》（JGJ 63—2006）规定，混凝土用水的水质应符合下列要求。

1. 混凝土拌合用水

（1）混凝土拌合用水的水质要求应符合表1-2所示。对于设计使用年限为100年的结构混凝土，氯离子含量不得超过500 mg·L^{-1}；对使用钢丝或经热处理钢筋的预应力混凝土，氯离子含量不得超过350 mg·L^{-1}。

表1-2　混凝土拌和用水的水质要求

项目	预应力混凝土	钢筋混凝土	素混凝土
PH	≥5.0	≥4.5	≥4.5
不溶物/（mg·L^{-1}）	≤2 000	≤2 000	≤5 000
可溶物/（mg·L^{-1}）	≤2 000	≤5 000	≤10 000
Cl^-/（mg·L^{-1}）	≤500	≤1 000	≤3 500
SO_4^{2-}/（mg·L^{-1}）	≤600	≤2 000	≤2 700
碱/（mg·L^{-1}）	≤1 500	≤1 500	≤1 500

（2）地表水、地下水、再生水的放射性应符合现行《生活饮用水卫生标准》（GB 5749—2022）的规定。

（3）被检验水样应与饮用水样进行水泥凝结时间对比试验。对比试验的水泥初凝时间差及终凝时间差不应大于 30 min；同时，初凝和终凝时间应符合《通用硅酸盐水泥》的规定。

(4) 被检验水样应与饮用水样进行水泥胶砂强度对比试验，被检验水样配制的水泥胶砂 3 d 和 28 d 强度不应低于饮用水配制的水泥胶砂 3 d 和 28 d 强度的 90%。

(5) 混凝土拌合用水不应有漂浮明显的油脂和泡沫，不应有明显的颜色和异味。

(6) 混凝土企业设备洗刷水不宜用于预应力混凝土、装饰混凝土、加气混凝土和暴露于腐蚀环境的混凝土；不得用于使用碱活性或潜在碱活性骨料的混凝土。

(7) 未经处理的海水严禁用于钢筋混凝土和预应力混凝土。

(8) 在无法获得水源的情况下，海水可用于素混凝土，但不宜用于装饰混凝土。

2. 混凝土养护用水

(1) 混凝土养护用水可不检验不溶物和可溶物，其他检验项目应符合本标准中“混凝土拌合用水”的 (1) 条和 (2) 条的规定。

(2) 混凝土养护用水可不检验水泥凝结时间和水泥胶砂强度。①

二、骨料

传统上，混凝土用骨料主要采用自然形成的各种岩石。根据成因不同，这些天然岩石可分为岩浆岩、沉积岩和变质岩三大类。

（一）岩浆岩

岩浆岩是指岩浆冷却后形成的一种岩石。目前已发现的火成岩达 700 多种，常见的有花岗岩、安山岩及玄武岩等，其成分以硅酸盐为主。岩浆在地下冷却固结形成的岩石称为侵入岩，根据成岩深度可进一步分为浅成岩和深成岩；通常来说，成岩位置越深，则岩石的晶粒尺寸越大，结构更为致密，强度、硬度也越高。岩浆喷出地表后迅速冷却固结成的岩石称为喷出岩或火山岩；由于冷却速度较快，因此喷出岩一般为玻璃质或者细粒的岩

---

① 张巨松，许峰，佟钰．混凝土原材料［M］．哈尔滨：哈尔滨工业大学出版社，2019.

石，结构也相对疏松，甚至形成浮石、珍珠岩等轻质多孔岩石。

（二）沉积岩

沉积岩是指其他岩石的风化产物和一些火山喷发物，经过水流或冰川的搬运、沉积、成岩作用形成的岩石，是地表上最为常见的岩石（可达岩石总量的75%）。沉积岩主要包括石灰岩、砂岩、页岩等，以页岩含量最多，但因其层状结构特点，并非全部适于拌制混凝土。

（三）变质岩

变质岩是指受到地球温度、压力、应力、化学成分等内部因素作用，发生物质成分的迁移或再结晶而形成的新型岩石，较常见的如板岩、片岩、石英岩、大理岩、蛇纹岩等。

近年来，随着天然资源的日渐匮乏以及环保意识的提高，将工业废渣、尾矿回收后直接用作混凝土骨料，或者粉碎、烧结后制成人造骨料，已经成为工业利废的重要途径之一，也是建筑业健康可持续发展的基本方向。

三、化学外加剂

混凝土外加剂是混凝土中除水泥、砂、石和水以外的第五种组成部分，是一种在混凝土搅拌之前或拌制过程中加入的，用以改善新拌混凝土的工作性能和硬化混凝土的物理力学性能的材料。改善新拌混凝土的工作性能主要包括：可提高混凝土拌合物的流动性，减少拌合物用水量，使混凝土拌合物易于浇注，便于振捣；使新拌混凝土不泌水、不离析、不分层，保持混凝土匀质性，提高其可泵送性；调节混凝土的初、终凝时间，减少或延缓水泥水化放热；补偿收缩或微膨胀等。提高硬化混凝土的物理力学性能主要包括：提高混凝土的强度，包括早期及后期强度；增加混凝土的密实性；减少收缩、徐变，提高混凝土的体积稳定性；提高混凝土的抗渗性、抗冻融性，改善混凝土的耐久性；控制碱骨料反应等。混凝土中合理使用外加剂还可以取得可观的经济效益，如在保证相同强度的前提下，可减少水泥用量10%~20%；通过降低水胶比提高混凝土强度，可以缩小构筑物尺寸，减小构件自重，降低建筑成本等。

混凝土外加剂已经成为生产高性能混凝土的必要手段，它的使用可以实现混凝土的高流态、高强度、自密实、免收缩、水中不分散等特性，大大拓展了混凝土的使用范围。在混凝土中普遍使用外加剂已经成为提高混凝土强度、改善混凝土综合性能、降低生产能耗、实现环境保护等方面的最有效措施。

四、矿物掺合料

混凝土制备过程中，为节约水泥、改善混凝土性能或调节混凝土强度等级等，可在混凝土混合料中加入部分天然或人工的矿物质材料，以硅、铝、钙等一种或多种氧化物为主要成分，具有规定细度，称为矿物掺合料。矿物掺合料根据来源可分为天然类、人工类及工业废料类三大类，如表 1-3 所示。

表 1-3　矿物掺合料的分类

类别	品种
天然类	火山灰、凝灰岩、沸石粉、硅质页岩等
人工类	煅烧页岩、偏高岭土等
工业废料类	水淬高炉矿渣、粉煤灰、硅灰等

掺合料还可根据其水化反应活性分为两类：非活性矿物掺合料与活性矿物掺合料。非活性矿物掺合料也称惰性掺合料，一般不与水泥组分起化学作用或者化学作用很弱，例如石灰石粉、尾矿粉或活性指标达不到要求的矿渣等；活性掺合料本身虽然不硬化或者硬化速度缓慢，但可与水泥水化产生的 $Ca(OH)_2$ 作用，因此对水化产物有明显贡献，例如粒化高炉矿渣、粉煤灰、硅灰等；工程中还常将两种或两种以上矿物原料，按一定比例混合后，必要时可掺入适量石膏和助磨剂，再磨细至规定细度的粉体材料称为复合矿物掺合料。①

五、混凝土用纤维

纤维混凝土是近年来迅速发展起来的一种新型复合材料，具有优良的抗裂、抗弯曲、耐磨、耐冲刷等特性。纤维混凝土是在混凝土基体中引入了乱

① 张巨松，许峰，佟钰．混凝土原材料［M］．哈尔滨：哈尔滨工业大学出版社，2019.

向均匀分布的短纤维材料，因此不仅具有普通混凝土的优良特性，同时由于纤维的存在限制了混凝土裂缝的开展，从而使原来本质上是脆性的混凝土材料呈现出很高的韧性和延性，以及优良的耐磨等特性。

纤维增强材料分为天然和人工两大类，如图 1-1 所示。

- 纤维增强材料
  - 天然
    - 无机——石棉纤维
    - 有机——各种植物纤维：木浆、竹浆、剑麻、亚麻、黄麻、甘蔗纤维等
  - 人工
    - 无机——钢纤维、玻璃纤维、矿物纤维、碳纤维等
    - 有机——聚丙烯、聚乙烯、尼龙等合成纤维

图 1-1　纤维增强材料分类

为了得到性能良好又经济的纤维增强混凝土，所采用的纤维一般应满足下列要求：

（1）有足够的抗拉强度；

（2）对基体材料有长期的耐侵蚀性；

（3）有足够的大气稳定性和一定的耐热性；

（4）有较高的弹性模量；

（5）来源广，价格便宜，使用方便，对人体健康无不良影响等。

目前应用最广的是钢纤维、玻璃纤维、合成纤维等，各种纤维的物理力学性能如表 1-4 所示。

表 1-4　各种纤维的物理力学性能

纤维种类	抗拉强度/MPa	弹性模量/MPa	延伸率/%	相对密度
钢	280~4 200	210 000	0.5~3.5	7.8
碳	2 800	270 000	—	—
玻璃	1 000~4 100	70 000	1.5~3.5	2.5
石棉	560~990	84 000~140 000	约 0.6	3.2
尼龙	770~870	4 200	16~20	1.1
聚丙烯	560~770	3 500	约 25	0.90
聚乙烯	约 770	100~400	约 10	0.95
丙烯酸	240~400	2 100	25~45	1.1
酰胺	420~840	2 400	15~25	—
人造丝	400~650	7 000	10~25	—

第二节　混凝土结构工程的基本概念

一、建筑结构的含义

建筑结构是指承受并传递建筑物各种荷载的骨架体系，一般由板、梁、柱、墙、基础等构件组成。工程中把房屋±0.000标高以上部位的结构称为主体结构，把±0.000标高以下的结构称为下部结构，如地基基础工程、地下空间结构等。建筑结构按材料不同可分为混凝土结构、木结构、钢结构、砖石结构等，如图1-2所示。

(a)　(b)　(c)　(d)

图1-2　建筑结构的类型

(a) 混凝土结构；(b) 木结构；(c) 钢结构；(d) 砖石结构

二、混凝土结构的含义

混凝土结构是指以混凝土为主要材料制作的结构，它是工业与民用建筑的主要结构类型之一。混凝土是由水泥、砂子、石子和水按一定的比例配合，经搅拌、捣实和养护而成的一种人造石，工程简称砼（tóng）。混凝土材料抗压性能强，但抗拉性能很差；而钢筋具有良好的抗拉强度，且与混凝土具有良好的黏结力，其膨胀系数与混凝土接近。因此，通常在混凝土内加入一定数量的钢筋，让钢筋来主要承受拉力，混凝土承受压力，二者协同作用，以提高构件的承载力。所得结构称为钢筋混凝土结构，其在建筑工程中具有极为广泛的应用。除钢筋混凝土结构外，混凝土结构还包括素混凝土结构和预应力混凝土结构。

三、混凝土结构工程施工

混凝土结构工程施工是指按设计要求，将钢筋和混凝土两种材料利用模板浇筑成各种形状和大小的构架或结构的过程。混凝土结构工程主要包括模板工程、钢筋工程和混凝土工程。在施工中三者之间应密切配合，进行流水施工，这样才能缩短工期、降低成本，确保工程质量及安全绿色施工。①

混凝土结构工程的施工工艺流程如图 1-3 所示。

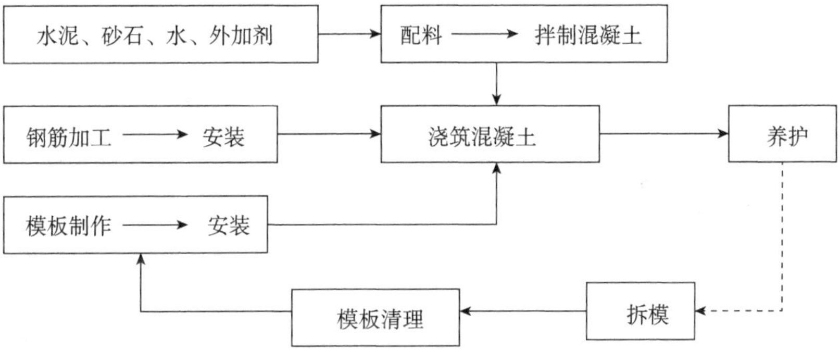

图 1-3　混凝土结构工程施工工艺流程

① 李平原，张巨璟，魏琦．混凝土结构工程施工［M］．上海：上海交通大学出版社，2017.

第三节 混凝土结构的特点、应用及分类

一、混凝土结构的特点

（一）混凝土结构的优点

1. 就地取材

混凝土所用的砂、石一般易于就地取材，另外，还可有效利用矿渣、粉煤灰等工业废料，实现“节材环保、绿色建筑”。

2. 造价较低

钢筋混凝土结构合理地发挥了钢筋和混凝土两种材料的优点，与钢结构相比，可以降低工程造价。

3. 耐久性好

密实的混凝土有较高的强度，同时由于钢筋被混凝土包裹，不易锈蚀，维护费用少，所以钢筋混凝土结构的耐久性较好。

4. 耐火性好

混凝土包裹在钢筋外面，有效阻止了热传递，火灾时钢筋不会因很快达到软化温度而导致结构整体破坏。与裸露的木结构、钢结构相比，耐火性大大提高。

5. 可模性好

根据需要，可以较容易地浇筑成各种形状和尺寸的钢筋混凝土构件。

6. 整体性好

整浇或装配整体式钢筋混凝土结构具有很好的整体性，有利于抵抗地震、爆炸冲击等造成的破坏。

（二）混凝土结构的缺点

1. 自重大

钢筋混凝土的重力密度约为 25 kN/m^3，比砌体和木材的重度都大。尽管其比钢材的密度小，但由于结构的截面尺寸较大，因而其自重远远超过相同跨度或高度的钢结构的重量。

2. 抗裂性差

混凝土的抗拉强度非常低，几乎只有抗压强度的 1/10，因此，普通钢筋

混凝土结构经常是带裂缝工作的。尽管裂缝的存在并不一定意味着结构会发生破坏，但是它会影响结构的耐久性、防水性和美观性等。当裂缝数量较多和展开较宽时，还将给人们带来一种不安全感。

3. 性质脆

混凝土的脆性随混凝土强度等级的提高而加大，破坏前无明显预兆。

4. 耗用模板

混凝土结构的制造需用模板进行成型，若采用木质模板，则其可重复使用的次数少，不利于“节材”。

5. 工序复杂

周期较长，并且受季节气候环境影响大。

6. 修复、拆除困难

相比其他结构，混凝土结构的修复和拆除都较为困难。

二、混凝土结构的应用

混凝土结构广泛应用于各类建筑物、构筑物工程，道路桥梁工程，港口码头、水利、核电等工程中，如图 1-4 所示。

图 1-4 混凝土结构的应用

三、混凝土结构的分类

（一）按结构体系分类

根据结构体系的不同，混凝土结构可分为框架结构、剪力墙结构、框架–剪力墙结构、筒体结构和巨型结构。

1. 框架结构

框架结构是指由钢筋混凝土梁和柱以刚接节点相连接而构成承重体系的结构，即由框架梁和框架柱组成空间框架，共同抵抗使用过程中出现的水平荷载和竖向荷载。其中的墙体均不承重，仅起到围护和分隔作用，如图 1–5 所示。

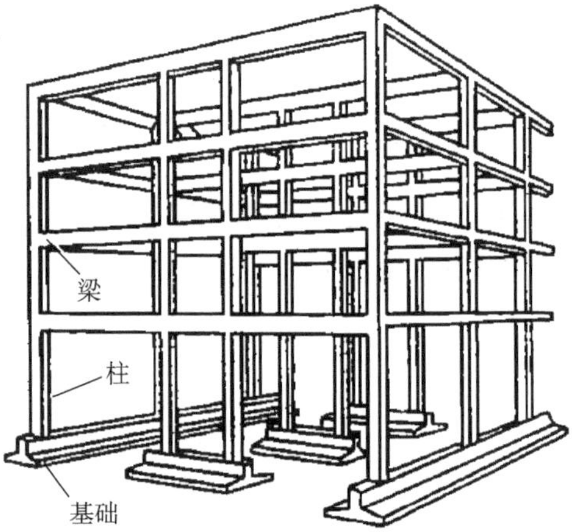

图 1–5　框架结构

框架结构的特点是空间分隔灵活，自重轻，节省材料，可以较灵活地配合建筑平面布置，利于安排需要较大空间的建筑结构，因此在宾馆、写字楼等高层建筑中得到较多应用。但由于梁柱构件截面较小，整体刚度较小，抗震性能较差，使其使用高度受到限制，故一般不适宜超过 20 层或建筑高度超过 60 m 的高层建筑。

2. 剪力墙结构

剪力墙结构是指用钢筋混凝土墙体作为承重骨架，来代替框架结构中的梁柱，以承担水平载荷和竖向载荷，同时墙体也作为围护和分隔构件的结构体系，如图 1-6 所示。

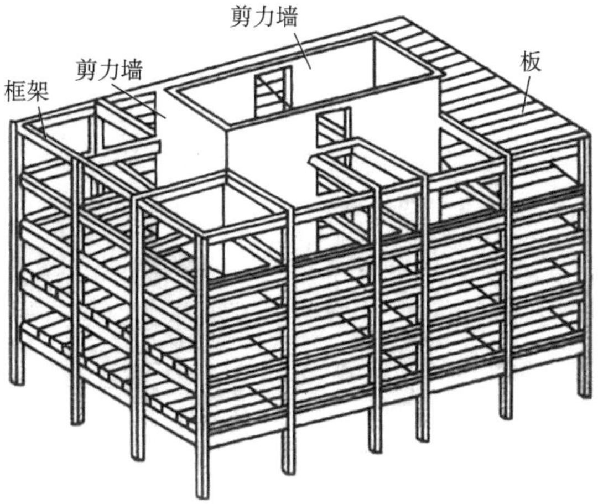

图 1-6 剪力墙结构

剪力墙结构的整体性好、刚度大、承载力高，受水平荷载作用时的侧向变形小，故其在高层建筑中得到广泛应用。但由于剪力墙体的间距不能过大，平面布置不够灵活，结构自重大，材料强度无法充分发挥，难以满足公共建筑大空间的使用要求。因此，剪力墙结构主要用于住宅等居住建筑。

3. 框架-剪力墙结构

框架-剪力墙结构简称框剪结构，这种结构是在框架结构中布置一定数量的剪力墙，构成灵活自由的使用空间，满足不同建筑功能的要求，同时又有相当大的侧向刚度，如图 1-7 所示。其中，剪力墙的侧向刚度是指墙体在水平荷载和水平地震力的作用下抵抗变形的能力。

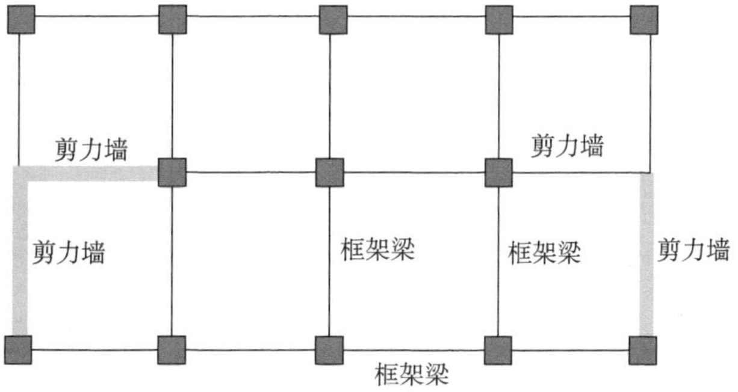

图 1-7 框架-剪力墙结构

框架–剪力墙结构既能灵活布置各种空间的房屋，又具有较大的侧向刚度，故适用于 15~30 层的高层及超高层建筑。

4. 筒体结构

筒体结构是指由一个或几个筒体作为竖向承重结构的超高层建筑结构体系。它是在框架–剪力墙结构和全剪力墙结构的基础上综合演变和发展而来，将剪力墙或密柱框架集中到房屋的内部和外围而形成的空间封闭式的筒体，如图 1–8 所示。筒体结构的特点是剪力墙集中且闭合，可获得较大的抗侧移刚度并方便自由分割空间，故多用于超高层写字楼、酒店。

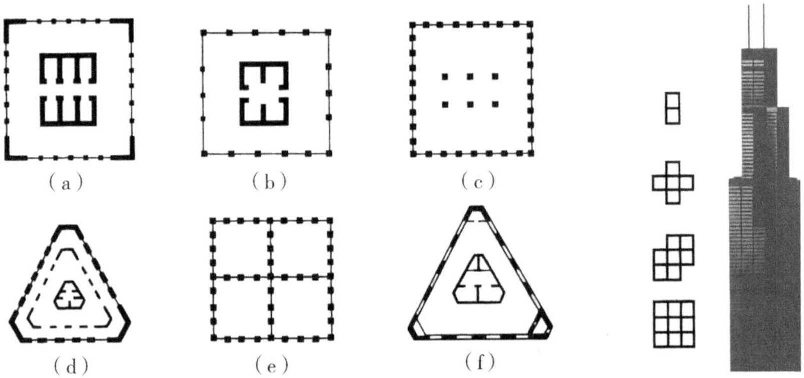

(a) 筒中筒结构；(b) 框架–核心筒结构；(c) 框筒–框架结构；

(d) 多重筒结构；(e) 成束筒结构；(f) 多筒体结构

图 1–8　筒体结构

5. 巨型结构

巨型结构是指整幢结构用巨柱、巨梁和巨型支撑等巨型杆件组成空间桁架，相邻立面的支撑交会在角柱而形成的巨型空间桁架结构。巨型结构作为高层或超高层建筑的一种崭新体系，已越来越被人们重视，并在工程实际中得到越来越广的应用，如图 1–9 所示。

图 1–9　巨型结构的应用

（二）按施工方法分类

根据施工方法的不同，混凝土结构可分为现浇框架式结构、预制装配式框架结构和预应力结构。

其中，预应力结构是普通混凝土结构的发展与延伸，更适合大跨、超高、防震、抗裂等结构。在建筑工程中，混凝土结构的施工应根据具体的施工条件和工程性质来选择施工方法。

1. 现浇框架式结构

全现浇框架混凝土结构施工时，将建筑物梁、柱、楼板等构件的全部混凝土都在施工现场建筑物上就地浇筑，如图 1-10 所示。该方法是采用最早和应用最广泛的成型方法，其结构整体性和抗震性好，防水性和适应性强，但施工现场工作量大，需要大量的模板，作业安全隐患多，施工周期长，受季节影响大；同时还要解决好钢筋的成型、连接和现浇混凝土的拌制、运输、浇灌、振捣、养护等问题。

图 1-10 现浇框架式结构

2. 预制装配式框架结构

预制装配式框架结构施工时，将梁、柱、楼板等构件全部在工厂或施工现场预制，现场组拼，全部靠焊接连成整体，如图 1-11 所示。这种施工方法，具有成本低、工期短，现场拼装劳动强度低，构件质量有保障，容易实现工业化、规模化生产等优点；但预制构件的生产对厂家的技术要求较高，且构件的种类、型号、规格尺寸繁杂，耗钢量较大；现场装配施工时需要大型的起重和运输设备。

图 1-11 预制装配式框架结构

3. 预应力结构

预应力结构施工时，在混凝土结构件承受载荷前，预先在构件受拉区施加预压力，产生的预压应力首先抵消或减少外部荷载作用所引起的拉应力，使截面实际应力减小。这样不仅能推迟构件出现裂缝，还可减轻结构自重，增强结构刚度。预应力结构适合在大跨度、超大悬挑和超高层等建筑中使用，如图 1-12 所示。

图 1-12　预应力大跨度斜拉桥

第四节　混凝土结构工程施工的准备工作

一、技术准备

技术准备即通常所说的业内技术工作，它是施工准备工作的基础和核心内容，一般包括：熟悉与会审施工图纸，签订分包合同，编制施工组织计划，编制施工图预算和施工预算。其中，施工组织计划是施工准备工作的主要技术经济文件，是指导施工的主要依据，要求结合所收集的原始资料、施工图纸和施工预算等相关信息，综合建设单位、监理单位和设计单位的具体要求进行编制。

二、物资准备

施工物资准备是指施工中必需的劳动手段（施工机械、工具、临时设施）和劳动对象（材料、配件、构件）等的准备，主要内容包括：建筑材料的准备、预制构件及混凝土的准备、施工机械的准备、模板和脚手架的准备。

三、人员准备

现场施工人员包括施工的组织指挥者和具体操作者两大部分，它们的组合将直接关系到工程质量、施工进度和工程成本。通常需要根据工程规模、结构特点和复杂程度做好以下工作：组建项目组；建立施工队组，组织劳动力进场；做好技术、安全交底和岗前培训；建立各项管理制度。

其中，技术交底是开工前的一项重要施工准备工作，在施工前，应将设计图纸内容、施工组织设计、施工技术、安全操作规程和施工验收规范等要求向施工队组和工人讲解交代，以保证工程严格按照设计图纸、施工组织设计等要求进行施工。

四、现场准备

一项工程开工前，除了做好各项技术准备工作外，还必须做好施工现场的各项准备工作，其工作按施工组织设计的要求可划分为拆除障碍物、“三通一平”、施工测量和临时搭设设施等。①

① 李平原，张巨璟，魏琦．混凝土结构工程施工［M］．上海：上海交通大学出版社，2017.

第二章　钢筋混凝土墙柱施工技术分析研究

钢筋混凝土是建筑中最常用的材料之一。钢筋混凝土墙柱的施工需要一个相对科学的施工过程，在混凝土材料的搅拌和制备过程中，不仅要使混合料的强度符合标准，而且混凝土结构的养护程度也要符合标准。这是提高整个结构的稳定性和可靠性的唯一途径。

第一节　柱平法施工图的概念与识读

一、平法施工图的概念

（一）平法的概念

平法是在结构布置平面图的基础上，把结构构件的尺寸和配筋等，按照平面整体表示方法的制图规则，整体直接地表示在图纸上，再与标准构造详图配合形成一套“平面整体表达方法”的施工图纸，是我国当前通行的混凝土结构施工图设计表示方法。平法对我国传统的混凝土结构施工图设计表示方法作了重大改革，它统一并简化了施工图表示方法，减少了设计者的工作，但对施工作业人员识读混凝土结构平法施工图的能力却提出了更高的要求。本书中混凝土结构平法施工图识读基础知识是依据国家建筑标准设计图集《混凝土结构施工图平面整体表示方法制图规则和构造详图》（16G101）编写的。

（二）平法施工图的一般规定

（1）按平法设计绘制的施工图，一般是由各类结构构件的平法施工图和标准构造详图两大部分构成的。但对于复杂的工业与民用建筑，还需增加模板、开洞和预埋件等平面图。只有在特殊情况下，才需增加剖面配筋图。

（2）按平法设计绘制施工图时，必须根据具体工程设计，按照各类构件的平法制图规则，在按结构层绘制的平面布置图上直接表示各构件的尺寸、配筋和所选用的标准构造详图。

（3）在平面布置图上表示各构件尺寸和配筋的方式，可分为平面注写方式、列表注写方式和截面注写方式 3 种。

（4）在平法施工图上，应对所有构件进行编号，编号中含有类型代号和序号等。其中，类型代号应与标准构造详图上所注类型代号一致，使两者结合构成完整的结构设计图。

（5）在平法施工图上，应当用表格或其他方式注明各结构层楼（地）面标高、结构层高及相应的结构层号。

（6）为了确保施工人员准确无误地按平法施工图进行施工，在具体工程的结构设计总说明中必须注明所选用平法标准图的图集号、结构使用年限、设防烈度及结构抗震等级等与平法施工图密切相关的内容。

（7）对受力钢筋的混凝土保护层厚度、钢筋搭接和锚固长度，除在结构施工图中另有注明外，均须按图集中的有关构造规定执行。

二、柱平法施工图识图规则

（1）柱子内部钢筋的种类有纵向受力钢筋（竖向）和箍筋。纵向受力钢筋又包括基础插筋、中间层钢筋和顶层钢筋。

（2）柱子以基础为支座，柱子底部钢筋锚固于基础中，上部钢筋连续、贯通。

（3）柱平法施工图主要采用列表注写或截面注写的方式进行表达。柱构件是竖向构件，不是单独一层，而是跨楼层形成一根完整的柱子，因此，除识读构件截面尺寸及配筋信息外，还要将标高和楼层信息相结合，概括起来有 3 个方面内容，即截面尺寸及配筋信息、适用的标高和楼层、整个建筑物的楼层与标高。

（4）柱编号由类型代号和序号组成，如表 2-1 所示。

表 2-1　柱编号

柱类型	代号	序号	柱类型	代号	序号
框架柱	KZ	××	梁上柱	LZ	××
转换柱	ZHZ	××	剪力墙上柱	QZ	××
芯柱	XZ	××	—	—	—

三、柱平法施工图识读

（一）柱平法施工图列表注写方法

列表注写是用列表的方式表达柱的尺寸、形状和配筋要求。具体来说，是在平面图上表达柱的位置和编号，用一个表格注写柱的高度，用另一个表格注写柱的结构配筋情况。柱箍筋的注写包括钢筋级别、直径与间距。当箍筋间距有变化时，用“/”区分不同的箍筋间距。当箍筋间距沿柱全高为一种间距时，则不用“/”。当圆柱采用螺旋箍筋时，在箍筋前面标注“L”，如图 2-1 所示。

1. 柱标高注写内容

各段柱的起止标高，自柱根部往上以变截面位置或截面未变但配筋改变处为界分段注写。框架柱和转换柱的根部标高是指基础顶面高。芯柱的根部标高是指根据结构实际需要而定的起始位置标高。梁上柱的根部标高是指梁顶面标高。剪力墙上柱的根部标高分为两种：当柱纵筋锚固在墙顶部时，其根部标高为墙顶面标高；当柱与剪力墙重叠一层时，其根部标高为墙顶面往下一层的结构层楼面标高。

2. 柱截面注写内容

（1）矩形柱：截面尺寸 $b\times h$ 及其与轴线的几何关系 b_1、b_2 和 h_1、h_2 的具体数值，需对应于各段柱分别注写。其中 $b=b_1+b_2$，$h=h_1+h_2$。当截面的某一边收缩变化至与轴线重合或偏到轴线的另一侧时，b_1、b_2、h_1、h_2 中的某项为零或负值。

（2）圆柱：表中“$b\times h$”一栏改用在圆柱直径数字前加 d 表示。为表达简单，圆柱截面与轴线的关系也用 b_1、b_2 和 h_1、h_2 表示，并使 $d=b_1+b_2=h_1+h_2$。

（3）芯柱：根据结构需要，可以在某些框架柱的一定高度范围内，在其内部的中心位置设置（分别引注其柱编号）。芯柱中心应与柱中心重合，并标注其截面尺寸，按 16G101 图集标准构造详图施工；芯柱定位随框架柱，不需要注写其与轴线的几何关系。

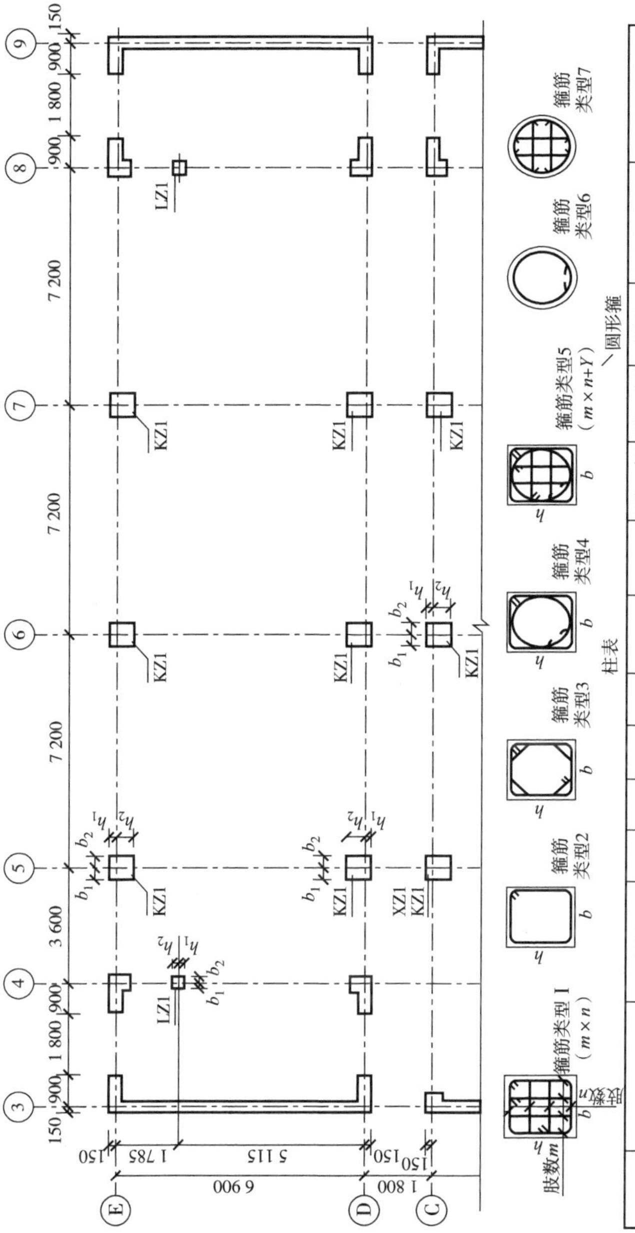

柱表

柱号	标高	b×h（圆柱直径D）	b_1	b_2	h_1	h_2	全部纵筋	角筋	b边一侧中部筋	h边一侧中部筋	箍筋类型号	箍筋	备注
KZ1	−4.530~−0.030	750×700	375	375	150	550	28Φ25				1（6×6）	Φ10@100/200	—
	−0.030~19.470	750×700	375	375	150	550	24Φ25				1（5×4）	Φ10@100/200	
	19.470~37.470	650×600	325	325	150	450		4Φ22	5Φ22	4Φ20	1（4×4）	Φ10@100/200	
	37.470~59.070	550×500	275	275	150	350		4Φ22	5Φ22	4Φ20	1（4×4）	Φ8@100/200	
XZ1	−4.530~8.670						8Φ25				按标准构造详图	Φ10@100	①×Ⓑ轴KZ1中设置

层号	标高/m	层高/m
屋面2	65.670	
塔层2	62.370	3.30
屋面1（塔层1）	59.070	3.30
16	55.470	3.60
15	51.870	3.60
14	48.270	3.60
13	44.670	3.60
12	41.070	3.60
11	37.470	3.60
10	33.870	3.60
9	30.270	3.60
8	26.670	3.60
7	23.070	3.60
6	19.470	3.60
5	15.870	3.60
4	12.270	3.60
3	8.670	3.60
2	4.470	4.20
1	−0.030	4.50
−1	−4.530	4.50
−2	−9.030	4.50

结构层楼面标高
结构层面

上部结构嵌固部位：−4.530

图 2-1　柱平法施工图列表注写方式

3. 柱纵筋注写内容

当柱纵筋直径相同，各边根数也相同时（包括矩形柱、圆柱和芯柱），将柱纵筋注写在“全部纵筋”一栏中；除此之外，柱纵筋分为角筋、截面 b 边中部筋和 h 边中部筋三项分别注写（对于采用对称配筋的矩形截面柱，可仅注写一侧中部筋，对称边省略不注；对于采用非对称配筋的矩形截面柱，必须每侧均注写中部筋）。

4. 柱箍筋注写内容

注写柱箍筋，包括钢筋级别、直径与间距。

用“/”区分柱端加密区与柱身非加密区长度范围内箍筋的不同间距。施工人员需根据标准构造详图的规定，在规定的几种长度值中取其最大者作为加密区长度。当框架节点核心区内箍筋与柱端箍筋设置不同时，应在括号中注明核心区的箍筋直径与间距。

（二）柱平法施工图截面注写方法

在进行上述列表注写时，会遇到柱子截面和配筋在整个高度上没有变化的情况，这样就可以省去两个表格，而采用截面注写的表示方法。截面注写是在标准层绘制的柱平面布置图上，分别在同一编号的柱中选择一个截面，直接注写截面尺寸和钢筋具体数字来表达柱截面的尺寸、配筋等情况。

从相同编号的柱中选择一个截面，按另一种比例原位放大绘制柱截面配筋图，并在各配筋图上继其编号后注写截面尺寸 $b \times h$，角筋或全部纵向钢筋（当纵向钢筋采用一种直径能够图示清楚时）、箍筋的具体数值，以及在柱截面配筋图上标注柱截面与轴线的几何关系 b_1、b_2、h_1、h_2 的具体数值。

当纵向钢筋采用两种直径时，需再注写截面各边中部筋的具体数值（对于采用对称配筋的矩形截面柱，可仅在一侧注写中部筋，对称边省略不注）。

当在某些框架柱的一定高度范围内，在其内部的中心位设置芯柱时，首先按照规则的规定进行编号，继其编号之后注写芯柱的起止标高、全部纵向钢筋及箍筋的具体数值，芯柱截面尺寸按构造确定，并按标准构造详图施工，设计不注；当设计者采用与本构造详图不同的做法时，应另行注明。芯柱定位随框架柱，不需要注写其与轴线的几何关系。

在截面注写方式中，如柱的分段截面尺寸和配筋均相同，仅截面与轴线的关系不同，可将其编为同一柱号，但此时应在未画配筋的柱截面上注写该柱截面与轴线的几何关系的具体尺寸。

如图 2-2 所示，KZ1 截面尺寸为 650 mm×600 mm，轴线有偏移。柱截面四角配有 4⌀22，*b* 边一侧中部配有 5⌀22，*h* 边一侧中部配有 4⌀22；柱箍筋为 Φ10@ 200，加密区为 Φ10@ 100。①

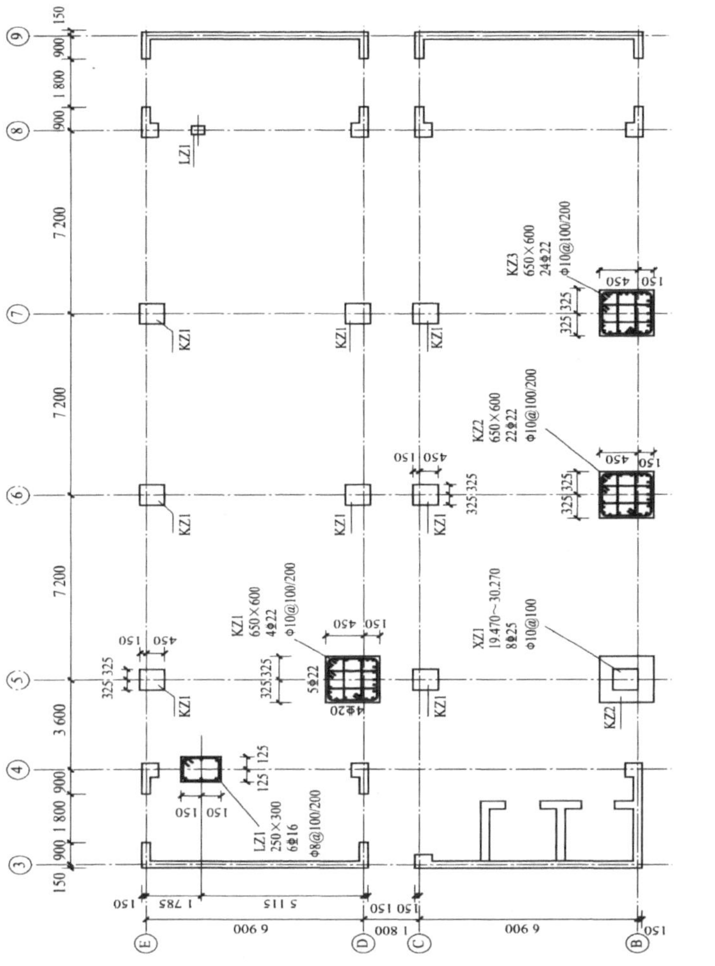

层号	标高/m	层高/m
屋面2	65.670	
塔层2	62.370	3.30
屋面1（塔层1）	59.070	3.30
16	55.470	3.60
15	51.870	3.60
14	48.270	3.60
13	44.670	3.60
12	41.070	3.60
11	37.470	3.60
10	33.870	3.60
9	30.270	3.60
8	26.670	3.60
7	23.070	3.60
6	19.470	3.60
5	15.870	3.60
4	12.270	3.60
3	8.670	3.60
2	4.470	4.20
1	−0.030	4.50
−1	−4.530	4.50
−2	−9.030	4.50

结构层楼面标高
结构层高

上部结构嵌固部位：
−4.530

图 2-2　柱平法施工图 1∶100（截面注写方式）

① 苏晓华，白东丽，刘宇．钢筋混凝土工程施工［M］．北京：北京理工大学出版社，2020.

第二节　柱钢筋结构的基础内容分析

一、钢筋混凝土保护层厚度

（一）钢筋混凝土保护层的作用

钢筋混凝土保护层厚度是指最外层钢筋外边缘至混凝土表面的距离。钢筋混凝土保护层的作用如下：

（1）混凝土与钢筋两种不同性质的材料共同工作，是保证结构构件承载力和结构性能的基本条件。

（2）保护钢筋不锈蚀，确保结构的安全性和耐久性。

（二）钢筋混凝土结构的环境类别

钢筋混凝土结构的环境类别，如表 2-2 所示。

表 2-2　钢筋混凝土结构的环境类别

环境类别	条件
一	室内干燥环境； 无侵蚀性静水浸没环境
二 a	室内潮湿环境； 非严寒和非寒冷地区的露天环境； 非严寒和非寒冷地区与无侵蚀性的水或土壤直接接触的环境； 严寒和寒冷地区的冰冻线以下与无侵蚀性的水或土壤直接接触的环境
二 b	干湿交替环境； 水位频繁变动环境； 严寒和寒冷地区的露天环境； 严寒和寒冷地区的冰冻线以上与无侵蚀性的水或土壤直接接触的环境
三 a	严寒和寒冷地区冬季水位变动区环境； 受除冰盐影响环境； 海风环境
三 b	盐渍土环境； 受除冰盐作用环境； 海岸环境

续表

环境类别	条件
四	海水环境
五	受人为或自然的侵蚀性物质影响的环境

注：1. 室内潮湿环境是指构件表面经常处于结露或湿润状态的环境。

2. 严重和寒冷地区的划分应符合现行国家标准《民用建筑热工设计规范》（GB 50176—2016）的有关规定。

3. 海岸环境和海风环境宜根据当地情况，考虑主导风向及结构所处迎风、背风部位等因素的影响，由调查研究和工程经验确定。

4. 受除冰盐影响环境是指受到除冰盐盐雾影响的环境；受除冰盐作用环境是指被除冰盐溶液溅射的环境以及使用除冰盐地区的洗车房、停车楼等建筑。

5. 露天环境是指混凝土结构表面所处的环境。

（三）钢筋混凝土保护层最小厚度规定

钢筋混凝土保护层的最小厚度，如表 2-3 所示。

表 2-3　钢筋混凝土保护层的最小厚度

环境类别	板、墙（mm）	梁、柱（mm）
一	15	20
二 a	20	25
二 b	25	35
三 a	30	40
三 b	40	50

注：1. 表中钢筋混凝土保护层厚度是指最外层钢筋外缘至混凝土表面的距离，适用于设计使用年限为 50 年的钢筋混凝土结构。

2. 构件中受力钢筋的保护层厚度不应小于钢筋的公称直径。

3. 一类环境中，设计使用年限为 100 年的结构最外层钢筋的保护层厚度不应小于表中数值的 1.4 倍；二类和三类环境中，设计使用年限为 100 年的结构应采取专门的有效措施。

4. 混凝土强度等级不大于 C25 时，表中保护层厚度值应增加 5 mm。

5. 基础底面钢筋的保护层厚度，有混凝土垫层时应从垫层顶面算起，且不应小于 40 mm。

二、钢筋的连接规定分析

钢筋的连接方式可分为绑扎搭接、焊接、机械连接等。由于钢筋通过接头传力的性能不如整根钢筋，因此设置钢筋连接原则为：钢筋接头宜设置在受力较小处，同一根钢筋上宜少设接头，同一构件中的纵向受力钢筋接头宜相互错开。

（一）接头使用规定

（1）直径大于 12 mm 的钢筋，应优先采用焊接接头或机械连接接头。

（2）当受拉钢筋的直径大于 28 mm 及受压钢筋的直径大于 32 mm 时，不宜采用绑扎搭接接头。

（3）轴心受拉及小偏心受拉杆件（如桁架和拱的拉杆）的纵向受力钢筋不得采用绑扎搭接接头。

（4）直接承受动力载荷的结构构件中，其纵向受拉钢筋不得采用绑扎搭接接头。

（二）接头面积允许百分率

同一连接区段内，纵向钢筋接头面积百分率为该连接区段内有接头的纵向受力钢筋截面面积与全部纵向受力钢筋截面面积的比值。

（1）钢筋绑扎搭接接头连接区段的长度为 1.3 l_l（l_l 为搭接长度），凡搭接头中点位于该连接区段长度内的搭接接头均属于同一连接区段，如图 2-3（a）所示。同一连接区段内，纵向受压钢筋搭接接头面积百分率不宜大于 50%；纵向受拉钢筋搭接头面积百分率应符合设计要求，当设计无具体要求时，应符合下列规定：

①对梁、板类及墙类构件，不宜大于 25%。

②对柱类构件，不宜大于 50%。

③当工程中确有必要增大接头面积百分率时，对梁类构件不应大于 50%；对其他构件，可根据实际情况放宽。

（2）钢筋机械连接接头连接区段的长度为 35d（d 为纵向受力钢筋的较大直径）；钢筋焊接接头连接区段的长度为 35d（d 为纵向受力钢筋的较大直径），且不小于 500 mm，如图 2-3（b）所示。同一连接区段内，纵向受力钢筋的接头面积百分率应符合设计要求；当设计无具体要求时，应符合下列规定：

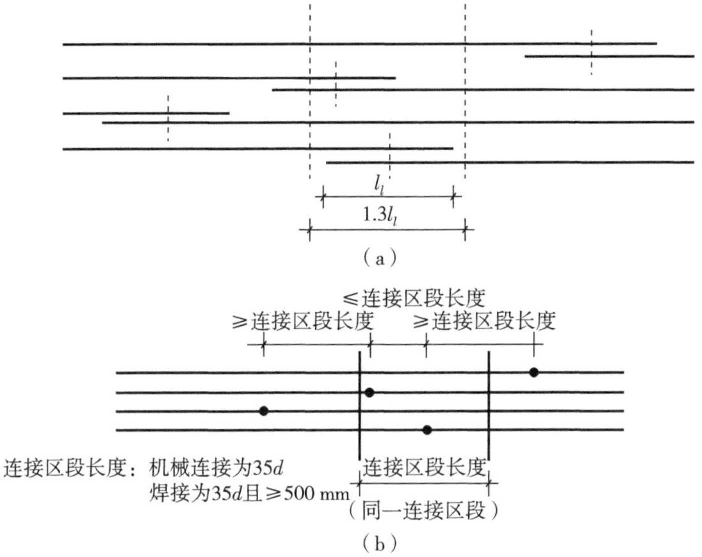

（a）同一连接区段内的纵向受拉钢筋绑扎搭接接头；

（b）同一连接区段内的纵向受拉钢筋机械连接、焊接接头

图 2-3　钢筋接头连接构造

①受拉区不宜大于 50%；受压区不受限制。

②在抗震要求中，纵向受力钢筋连接头的位置宜避开梁端、柱端箍筋加密区；当无法避开时，应采用满足等强度要求的高质量机械连接接头，且接头面积百分率不应超过 50%。

③直接承受动力载荷的结构构件中，不宜采用焊接接头；当采用机械连接接头时，不应大于 50%。

（3）绑扎搭接接头的搭接长度。

①纵向受拉钢筋绑扎搭接接头的搭接长度应根据位于同一连接区段内的钢筋接头面积百分率按下列公式计算：

$$l_l = \xi l_a$$

式中：

l_a——纵向受拉钢筋的锚固长度；

ξ——纵向受拉钢筋搭接长度修正系数，如表 2-4 所示。

表 2-4　纵向受拉钢筋搭接长度修正系数

纵向钢筋接头面积百分率/%	≤25	50	100
ξ	1.2	1.4	1.6

②构件中的纵向受压钢筋，当采用绑扎搭接时，其受压搭接长度不应小于纵向受拉钢筋搭接长度的 70%，且在任何情况下不应小于 200 mm。

③采用绑扎搭接接头时，纵向受拉钢筋的抗震搭接长度 l_{lE} 应按下列公式计算：

$$l_{lE}=\xi l_{aE}$$

式中：

l_{aE} ——抗震时纵向受拉钢筋的锚固长度；

ξ ——纵向受拉钢筋搭接长度修正系数。

（4）在梁、柱类构件的纵向受力钢筋搭接长度范围内，应按设计要求配置箍筋。当设计无具体要求时，应符合下列规定：

①箍筋直径不应小于搭接钢筋较大直径的 25%。

②受拉连接区段的箍筋间距不应大于搭接钢筋较小直径的 5 倍，且不应大于 100 mm。

③受压连接区段的箍筋间距不应大于搭接钢筋较小直径的 10 倍，且不应大于 200 mm。

④当柱中纵向受力钢筋直径大于 25 mm 时，应在钢筋接头两个端面外 100 mm 范围内各设置两个箍筋，其间距宜为 50 mm。

第三节　钢筋的加工与主要连接方法

一、钢筋加工的一般方法

钢筋加工一般集中在车间采用流水作业法进行，然后运至工地进行安装和绑扎。钢筋加工过程包括：调直→除锈→切断→弯曲。

（一）钢筋的调直

钢筋在使用前必须经过调直，否则会影响钢筋受力，甚至会使混凝土提前产生裂缝，如未调直直接下料，还会影响钢筋的下料长度，并影响后续工序的质量。

钢筋的机械调直可采用钢筋调直机、弯筋机、卷扬机等。其中，钢筋调直机用于光圆钢筋的调直和切断，并可清除其表面的氧化皮和污迹。另外，还有一种数控钢筋调直切断机，其利用光电管进行调直、输送、切断、除锈等功能的自动控制。

质量控制：以盘圆供货的钢筋调直一般采用冷拉进行，HPB300 级钢筋冷拉率不宜大于 4%，HRB335、HRB400 级钢筋不宜大于 1%；当钢筋无弯钩弯折要求时，HPB300 级钢筋冷拉率可放宽至 6%，HRB335、HRB400 级钢筋不超过 2%。钢筋调直后应平直、无局部弯曲。

（1）钢筋调直机。钢筋调直机的技术性能，如表 2-5 所示。GT 3/8 型钢筋调直机构造图，如图 2-4 所示。

表 2-5　钢筋调直机的技术性能

机械型号	钢筋直径/mm	调直速度/（$m \cdot min^{-1}$）	断料长度/mm	电机功率/kW	外形尺寸/mm 长×宽×高	机重/kg
GT 3/8	3~8	40、65	300~6 500	9. 25	1 854×741×1 400	1 280
GT 6/12	6~12	36、54、72	300~6 500	12. 6	1 770×535×1 457	1 230

注：表中所列的钢筋调直机断科长度误差均应小于等于 3 mm。

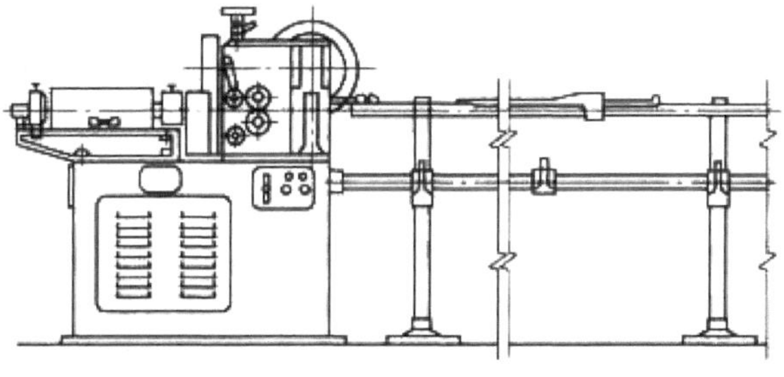

图 2-4　GT 3/8 型钢筋调直机构造

（2）数控钢筋调直切断机。数控钢筋调直切断机是在原有钢筋调直机的基础上应用电子控制仪，准确控制钢筋断料长度，并自动计数。数控钢筋调至切断机的横截面，如图 2-5 所示。在该机摩擦轮（周长为 100 mm）的同轴上装有一个穿孔光电盘（分为 100 等分），光电盘的一侧装有一只小灯泡，另一侧装有一只光电管。当钢筋通过摩擦轮带动光电盘转动时，灯泡发出的光线通过每个小孔照射到光电管，并被光电管接收而产生脉冲信号（每次信号为钢筋长 1 mm），控制仪长度显示屏上立即显示出相应读数。当读数积累到给定数字（即钢丝调直到所指定长度）时，控制仪立即发出指令，使切断装置切断钢筋，与此同时长度显示屏上的读数归零，钢筋根数显示屏上显示出钢筋根数，这样连续作业，当钢筋根数信号积累至给定数字时，即自动切断电源，数控钢筋调直切断机停止运转。

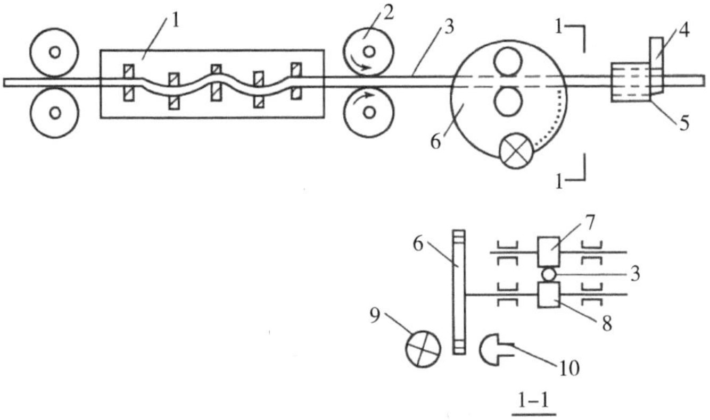

1—调直装置；2—牵引轮；3—钢筋；4—上刀口；5—下刀口；

6—光电盘；7—压轮；8—摩擦轮；9—灯泡；10—光电管

图 2–5　数控钢筋调至切断机横截面

数控钢筋调直切断机已在有些构件厂采用，其断料精度高（偏差仅为 1~2 mm），并实现钢丝调直切断自动化。采用数控钢筋调直切断机时，要求钢筋表面光洁、截面均匀，以免钢筋移动时速度不匀，影响钢筋切断长度的精确性。

（二）钢筋的除锈

钢筋由于保管不善或存放时间过久，就会受潮生锈。在生锈初期，钢筋表面呈黄褐色，称为水锈或色锈，这种水锈除在焊点附近必须清除外，一般可不进行处理；但是当钢筋锈蚀进一步发展，钢筋表面已形成一层锈皮，受锤击或碰撞可见其剥落，这种铁锈不能很好地与混凝土黏结，影响钢筋和混凝土的握裹力，并且在混凝土中会继续发展，则需要清除。

（三）钢筋的切断

钢筋的切断有人工剪断、机械切断、氧气切割三种方法。直径大于 40 mm 的钢筋一般用氧气切割。钢筋切断机是用来将钢筋原材料或已调直的钢筋切断，其主要类型有机械式钢筋切断机、液压式钢筋切断机和手持式钢筋切断机，如图 2-6 和图 2-7 所示。机械式钢筋切断机有偏心轴立式、凸轮式和曲柄连杆式等形式。

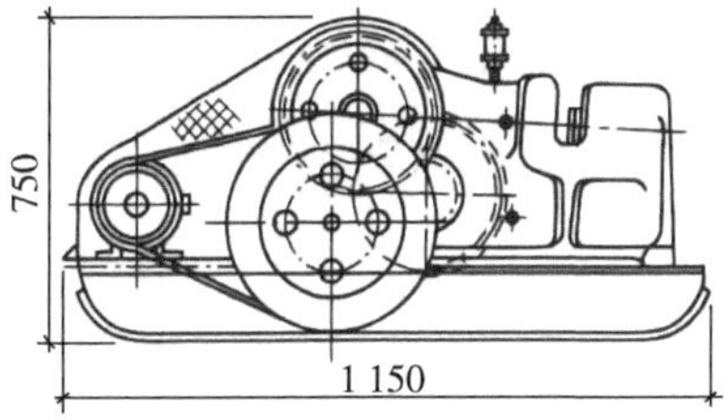

图 2-6　GQ 40 型钢筋切断机

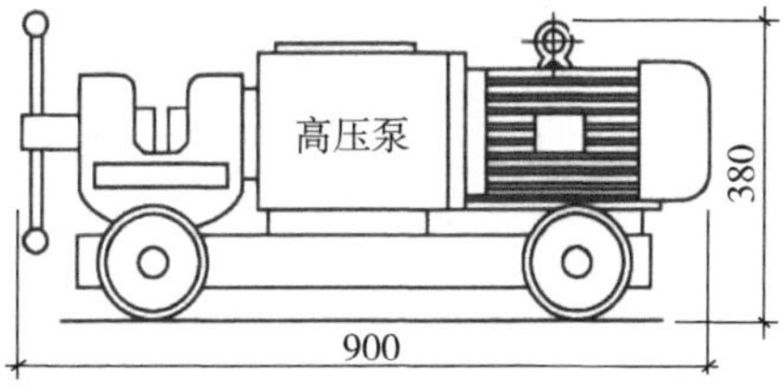

图 2-7　DYQ 328 电动液压切断机

（四）钢筋的弯曲

钢筋的弯曲成型是将已切断、配好的钢筋，弯曲成所规定的形状尺寸，是钢筋加工的一道主要工序。钢筋弯曲成型要求加工的钢筋形状正确，平面上没有翘曲不平的现象，便于绑扎安装。

1. 钢筋弯钩和弯折的有关规定

（1）受力钢筋

①HPB300 级钢筋末端应做 180°弯钩，其弯弧内直径 D 不应小于钢筋直径的 2.5 倍，弯钩的弯后平直部分长度不应小于钢筋直径的 3 倍。

②当设计要求钢筋末端需做 135°弯钩时，HRB335 级、HRB400 级钢筋的弯弧内直径 D 不应小于钢筋直径的 4 倍，弯钩的弯后平直部分长度应符合设计要求。

③钢筋做不大于 90°的弯折时，弯折处的弯弧内直径不应小于钢筋直径的 5 倍。

（2）箍筋

除焊接封闭环式箍筋外，箍筋的末端应做弯钩。弯钩的形式应符合设计要求；当设计无具体要求时，应符合下列规定：

①箍筋弯钩的弯弧内直径除应满足上述要求外，尚应不小于受力钢筋的

直径。

②箍筋弯钩的弯折角度：对一般结构，不应小于90°；对有抗震设防要求或设计有专门要求的结构构件，不应小于135°。

③箍筋弯后的平直部分长度：对一般结构构件，不宜小于箍筋直径的5倍；对有抗震设防要求或设计有专门要求的结构构件，不应小于箍筋直径的10倍。

2. 钢筋弯曲成型设备

钢筋弯曲成型有手工弯曲成型和机械弯曲成型两种方法。钢筋弯曲机有机械钢筋弯曲机、液压钢筋弯曲机、钢筋弯箍机等。机械钢筋弯曲机按工作原理分为齿轮式及蜗轮蜗杆式两种。

3. 弯曲成型工艺

（1）画线

钢筋弯曲前，对形状复杂的钢筋（如弯起钢筋），根据钢筋料牌上标明的尺寸，用石蜡笔将各弯曲点位置画出。画线时应注意以下几点：

①根据不同的弯曲角度扣除弯曲调整值，其扣除方法为从相邻两段长度中各扣除一半。

②钢筋端部带半圆弯钩时，该段长度画线时应增加0.5d（d为钢筋直径）。

③画线工作宜从钢筋中部开始向两边进行；两边不对称的钢筋，也可以从钢筋一端开始画线，如画到另一端有出入时，则应重新调整。

（2）钢筋弯曲成型

钢筋在弯曲机上成型时，心轴直径应是钢筋直径的2.5~5.0倍，成型轴宜加偏心轴套，以便适应不同直径钢筋弯曲的需要。弯曲细钢筋时，为了使弯弧一侧的钢筋保持平直，挡铁轴宜做成可变挡架或固定挡架（加铁板调整）。

二、钢筋的连接方法分析

（一）绑扎搭接连接

绑扎搭接连接是通过钢筋与混凝土之间的黏结力来传递钢筋应力的方式。两根相向受力的钢筋分别锚固在搭接连接区段的混凝土中而将力传递给混凝土，从而实现钢筋之间应力的传递。搭接钢筋由于横肋斜向挤压椎楔作用造成的径向推力引起了两根钢筋的分离趋势，两根搭接钢筋之间容易出现纵向劈裂裂缝，甚至因两筋分离而破坏，因此必须保证强有力的配箍约束。由于绑扎搭接连接是一种比较可靠的连接方式，质量容易保证，仅靠现场检测即可确保质量，且施工非常简便，不需要特殊的技术，因而应用方面也最广泛，至今仍是水平钢筋连接的主要形式。但当钢筋较粗时，绑扎搭接施工将较为困难且容易产生较宽的裂缝，因此对其适用的钢筋直径有明确限制。

绑扎搭接连接浪费钢筋，由于规范中限制接头应在同一位置范围，若采用50%接头百分率，则搭接长度1.4 l_a，按一般情况下混凝土强度取C30考虑，锚固长度 $l_a=30d$（非抗震情况下），则一根直径 $d=20$ mm的钢筋，其一个搭接接头即消耗主筋长度 $42d=840$ mm；而绑扎搭接接头区段应大于3.22 l_a，搭接接头区段范围内箍筋应加密，加密范围长达 $96.6d=1\ 932$ mm，使得绑扎搭接接头不仅需要增加主受力钢筋的用量，而且也大大增加了箍筋的用量，绑扎搭接接头区段的箍筋用量相当于非接头区域的两倍。

（二）焊接连接方式

采用焊接连接代替绑扎连接，可以改善结构受力性能，提高工效，节约钢材，降低成本。混凝土结构的某些部位，如轴心受拉和小偏心受拉构件中的钢筋接头应采用焊接连接。普通混凝土结构中直径大于22 mm的钢筋和轻骨料混凝土结构中直径大于20 mm的HPB300级钢筋及直径大于25 mm的HRB335、HRB400级钢筋，均宜采用焊接头。

钢筋的焊接连接，应采用闪光对焊、电弧焊、电渣压力焊和电阻点焊。钢筋与钢板的T形连接，宜采用埋弧压力焊或电弧焊。钢筋焊接的接头形式、焊接工艺和质量验收，应符合《钢筋焊接及验收规程》（JGJ 18—2012）的规定。

钢筋的焊接质量与钢材的可焊性、焊接工艺有关。在相同的焊接工艺条件下，能获得良好焊接质量的钢材，称其在这种条件下的可焊性好，相反则称其在这种工艺条件下的可焊性差。钢筋的可焊性与其含碳及含合金元素的数量有关。含碳、锰数量增加，则可焊性差；加入适量的钛，可改善焊接性能。焊接参数和操作水平也影响焊接质量，即使可焊性差的钢材，若焊接工艺适宜，也可获得良好的焊接质量。这里简单地讲述一下钢筋电阻点焊以及钢筋闪光对焊的内容。

1. 钢筋电阻点焊

电阻点焊主要用于焊接钢筋网片、钢筋骨架等（适用于直径为 6~14 mm 的 HPB300 级、HRB335 级钢筋和直径 3~5 mm 的冷拔低碳钢丝），其生产效率高，节约材料，应用广泛。

电阻点焊机将已除锈的钢筋交叉点放在电阻点焊机的两电极间，使钢筋通电发热至一定温度后，加压使焊点金属焊合。常用电阻点焊机有单点点焊机、多点点焊机和悬挂式点焊机，施工现场还可采用手提式点焊机。电阻点焊的主要工艺参数为电流强度、通电时间和电极压力。电流强度和通电时间一般均宜采用电流强度大、通电时间短的参数，电极压力则根据钢筋级别和直径选择。

电阻点焊的焊点应进行外观检查和强度试验，热轧钢筋的焊点应进行抗剪试验。冷处理钢筋除进行抗剪试验外，还应进行抗拉试验。点焊时，将表面清理好的钢筋叠合在一起，放在两个电极之间预压夹紧，使两根钢筋交接点紧密接触。当踏下脚踏板时，带动压紧机构使上电极压紧钢筋，同时断路器也接通电路，电流经变压器次级线圈引到电极，接触点处在极短的时间内产生大量的电阻热，使钢筋加热到熔化状态，在压力作用下两根钢筋交叉焊接在一起。当放松脚踏板时，电极松开，断路器随着杠杆下降，断开电路，点焊结束。

2. 钢筋闪光对焊

闪光对焊广泛用于钢筋接长及预应力钢筋与螺栓端杆的焊接。热轧钢筋的焊接宜优先用闪光对焊，条件不允许时才用电弧焊。

钢筋闪光对焊是利用对焊机使两段钢筋接触，通过低电压的强电流，待钢筋被加热到一定温度变软后，进行轴向加压顶锻，形成对焊接头。钢筋闪光对焊焊接工艺应根据具体情况选择；钢筋直径较小，可采用连续闪光焊；钢筋直径较大，端面比较平整，宜采用预热闪光焊；端面不够平整，宜采用闪光-预热闪光焊。

（1）连续闪光焊

这种焊接工艺过程是将钢筋夹紧在电极钳口上后，闭合电源，使两钢筋端面轻微接触。由于钢筋端部不平，开始只有一点或数点接触，接触面小而电流密度和接触电阻很大，接触点很快熔化并产生金属蒸气飞溅，形成闪光现象。闪光一开始，即徐徐移动钢筋，形成连续闪光过程，同时接头也被加热。待接头烧平、闪去杂质和氧化膜白热熔化时，随即施加轴向压力迅速进行顶锻，使两根钢筋焊牢。

（2）预热闪光焊

施焊时先闭合电源，然后使两钢筋端面交替接触和分开。此时，钢筋端间隙中即发出断续的闪光，形成预热过程。当钢筋达到预热温度后进闪光阶段，随后顶锻而成。

（3）闪光-预热闪光焊

在预热闪光焊前加一次闪光过程，目的是使不平整的钢筋端面烧化平整，使预热均匀，然后按预热闪光焊操作。

焊接大直径的钢筋（直径 25 mm 以上），多用预热闪光焊与闪光-预热闪光焊。采用连续闪光焊时，应合理选择调伸长度、烧化留量、顶锻留量以及变压器级数等；采用闪光-预热闪光焊时，除上述参数外，还应包括一次烧化留量、二次烧化留量、预热留量和预热时间等参数。焊接不同直径的钢筋时，其截面比不宜超过 1.5。焊接参数按大直径的钢筋选择。负温下焊接时，由于冷却快，易产生冷脆现象，内应力也大，因此，负温下焊接应减小温度梯度和降低冷却速度。

钢筋闪光对焊后，除对接头进行外观检查（无裂纹和烧伤、接头弯折不大于 4*d*，接头轴线偏移不大于 1/10 的钢筋直径，也不大于 2 mm）外，还应根据《钢筋焊接及验收规程》（JGJ 18—2012）的规定进行抗拉强度和冷弯试验。①

第四节　柱混凝土施工技术与养护分析

一、混凝土的搅拌

混凝土的搅拌是指将水、水泥和粗细集料进行均匀拌合及混合，拌制成质地均匀、颜色一致、具有一定流动性的拌合物。

① 苏晓华，白东丽，刘宇．钢筋混凝土工程施工［M］．北京：北京理工大学出版社，2020.

（一）人工搅拌

人工搅拌混凝土质量差，消耗水泥较多，而且劳动强度大，所以只有在工程量很小时才会采用人工搅拌，一般均采用机械搅拌。

（二）机械搅拌

（1）自落式混凝土搅拌机。自落式混凝土搅拌机通过筒身旋转，带动搅拌叶片将物料提高，在重力作用下物料自由坠下，反复进行，相互穿插、翻拌、混合使混凝土各组分搅拌均匀。

①锥形反转出料搅拌机。

②双锥形倾翻出料搅拌机。双锥形倾翻出料搅拌机卸料迅速，拌筒容积利用系数高，拌合物的提升速度低，物料在拌筒内靠滚动自落而搅拌均匀，能耗低、磨损小，能搅拌大粒径集料混凝土，主要用于大体积混凝土工程。

（2）强制式混凝土搅拌机。强制式混凝土搅拌机一般筒身固定，搅拌机片旋转，对物料施加剪切、挤压、翻滚、滑动、混合使混凝土各组分搅拌均匀。

①涡浆强制式搅拌机。

②单卧轴强制式混凝土搅拌机。

③双卧轴强制式混凝土搅拌机。

选择搅拌机时，要根据工程量大小、混凝土的坍落度、集料尺寸等而定，既要满足技术上的要求，也要考虑经济效果和节约能源。

（三）搅拌制度的确定

（1）搅拌时间：搅拌时间是影响混凝土质量及搅拌机生产率的重要因素之一。时间过短，拌合不均匀，会降低混凝土的强度及和易性；时间过长，不仅会影响搅拌机的生产率，而且会使混凝土和易性降低或产生分层离析现象。

（2）投料顺序：投料顺序应从提高搅拌质量，减少叶片、衬板的磨损，减少拌合物搅拌筒的黏结，减少水泥飞扬，改善制作条件等方面综合考虑确定。常用方法如下：

①一次投料法。一次投料法即在上料斗中先装石子，再加水泥和砂，然后一次投入搅拌机。

②二次投料法。二次投料法又分为预拌水泥砂浆法和预拌水泥净浆法。预拌水泥砂浆法是先将水泥、砂和水加入搅拌筒进行充分搅拌，成为均匀的水泥砂浆，再投入石子搅拌成均匀的混凝土。预拌水泥净浆法是将水泥和水充分搅拌成均匀的水泥净浆后，再加入砂和石子搅拌成混凝土。二次投料法搅拌的混凝土与一次投料法搅拌的相比，混凝土强度提高约 15%，在强度相同的情况下，可节约水泥 15%~20%。

③水泥裹砂法。水泥裹砂法又称为 SEC 法。采用这种方法拌制的混凝土称为 SEC 混凝土，也称作造壳混凝土。采用 SEC 法制备的混凝土与一次投料法比较，强度可提高 20%~30%，混凝土不易产生离析现象，泌水少，工作性能好。

（3）进料容量（干料容量）：进料容量为搅拌前各种材料体积的累积。

搅拌筒的几何容量有一定的比例关系，一般情况下为 0.22~0.4。使用搅拌机时应注意安全。在搅拌筒正常转动之后，才能装料入筒。在运转时，不得将头、手或工具伸入筒内。在因故（如停电）停机时，要立即设法将筒内的混凝土取出，以免凝结。在搅拌工作结束时，也应立即清洗搅拌筒内外。叶片磨损面积如超过 10%，应按原样修补或更换。

（四）混凝土搅拌机的使用

（1）搅拌机使用前的检查。搅拌机使用前应按照“十字作业法”（清洁、润滑、调整、紧固、防腐）的要求检查离合器、制动器、钢丝绳等各个系统和部位，是否机件齐全、机构灵活、运转正常，并在规定位置加注润滑油脂。

（2）开盘操作。

（3）正常运转。

①投料顺序，普通混凝土一般采用一次投料法或二次投料法。一次投料法是按砂（石子）→水泥→石子（砂）的次序投料，并在搅拌的同时加入全部拌合用水进行搅拌；二次投料法是先将石子投入搅拌筒并加入部分拌合用水进行搅拌，清除前一盘拌合料黏附在筒壁上的残余，然后将砂、水泥及剩余的拌合用水投入搅拌筒内继续拌合。

②搅拌时间，混凝土搅拌质量直接和搅拌时间有关，搅拌时间应满足要求。

③搅拌质量检查，混凝土拌合物的搅拌质量应经常检查，混凝土拌合物

颜色均匀一致，无明显的砂粒、砂团及水泥团，石子完全被砂浆所包裹，说明其搅拌质量较好。

（4）停机。每班作业后应对搅拌机进行全面清洗，并在搅拌筒内放入清水及石子运转 10~15 min 后放出，再用竹扫帚洗刷外壁。搅拌筒内不得有积水，以免筒壁及叶片生锈，如遇冰冻季节应放尽水箱及水泵中的存水，以防冻裂。

每天工作完毕后，搅拌机料斗应放至最低位置，不准悬于半空。电源必须切断，锁好电闸箱，保证各机构处于空位。

二、混凝土的运输

（一）混凝土拌合物运输的要求

拌合物的运输工作应保证混凝土的浇筑工作连续进行；运送混凝土的容器应严密，其内壁应平整光洁，不吸水、不漏浆，黏附的混凝土残渣应经常清除。在运输过程中，应保持混凝土的均匀性，避免产生分层离析现象，混凝土运至浇筑地点，应符合浇筑时所规定的坍落度；混凝土应以最少的中转次数、最短的时间，从搅拌地点运至浇筑地点，保证混凝土从搅拌机卸出后到与浇筑完毕的延续时间不超过相关规定。

（二）混凝土的运输方式

（1）水平运输。混凝土的水平运输又称为供料运输。常用的运输方式有人工、机动翻斗车、混凝土搅拌运输车、自卸汽车、混凝土泵、皮带机、机车等，应根据工程规模、施工场地宽窄和设备供应情况选用。

（2）垂直运输。垂直运输包括塔式起重机运输、井架运输、混凝土泵运输等。

三、柱混凝土的浇筑

（一）浇筑要求

（1）防止离析。

（2）正确留置施工缝。

①施工缝的留设位置。施工缝设置的原则，一般宜留在结构受力（剪

力）较小且便于施工的部位；柱子的施工缝宜留在基础与柱子交接处的水平面上，或梁的下面，或吊车梁牛腿、吊车梁、无梁楼盖柱帽的下面；高度大于 1 m 的钢筋混凝土梁的水平施工缝，应留在楼板底面下 20~30 mm 处，当板下有梁托时，留在梁托下部；单向平板的施工缝，可留在平行于短边的任何位置处；对于有主次梁的楼板结构，宜顺着次梁方向浇筑，施工缝应留在次梁跨度中间的 1/3 范围内。

②施工缝的处理。施工缝处继续浇筑混凝土时，应待混凝土的抗压强度不小于 1.2 MPa 方可进行；施工缝浇筑混凝土之前，应除去施工缝表面的水泥薄膜、松动石子和软弱的混凝土层，处理方法有风砂枪喷毛、高压水冲毛、风镐凿毛或人工凿毛，并加以充分湿润和冲洗干净，不得有积水。浇筑时，施工缝处宜先铺水泥浆（水泥：水=1：0.4），或与混凝土成分相同的水泥砂浆一层，厚度为 30~50 mm，以保证接缝的质量；浇筑过程中，施工缝应细致捣实，使其紧密结合。

（二）浇筑方法

1. 多层钢筋混凝土框架结构的浇筑

浇筑这种结构首先要划分施工层和施工段，施工层一般按结构层划分，而每一施工层如何划分施工段，则需要考虑工序数量、技术要求、结构特点等。做到木工在第一施工层安装完模板，准备转移到第二施工层的第一施工段上时，该施工段所浇筑的混凝土强度应达到允许工人在其上操作的强度（1.2 MPa）。

混凝土浇筑前应做好必要的准备工作，如模板、钢筋和预埋管线的检查和清理以及隐蔽工程的验收；浇筑用脚手架、走道的搭设和安全检查；根据实验室下达的混凝土配合比通知单准备和检查等材料；并做好施工用具的准备等。

浇筑柱时，施工段内的每排柱应由外向内对称依次浇筑，不要由一端向另一端推进，预防柱子模板因湿胀造成受推倾斜而误差积累难以纠正。截面尺寸在 400 mm×400 mm 以内，或有交叉箍筋的柱子，应在柱子模板侧面开孔用斜溜槽分段浇筑，每段高度不超过 2 m。

截面尺寸在 400 mm×400 mm 以上、无交叉箍筋的柱子，如柱高不超过 4.0 m，可从柱顶浇筑；如用轻集料混凝土从柱顶浇筑，则柱高不得超过 3.5 m。柱子开始浇筑时，底部应先浇筑一层厚50~100 mm与所浇筑混凝土成分相同的水泥砂浆。浇筑完毕，如柱顶处有较大厚度的砂浆层，则应加以处理。柱子浇筑后，应间隔1~1.5 h，待所浇混凝土拌合物初步沉实后，再浇筑上面的梁板结构。

梁和板一般应同时浇筑，顺次梁方向从一端开始向前推进。只有当梁高大于1 m时才允许将梁单独浇筑，此时的施工缝留设在楼板板面下20~30 mm处。梁底侧面注意振实，振动器不要直接触及钢筋和预埋件。楼板混凝土的虚铺厚度应略大于板厚，用表面振动器或内部振动器振实，用铁插尺检查混凝土浇筑层厚度，振捣完后用长的木抹子抹平。

浇筑叠合式受弯构件时，应按设计要求确定是否设置支撑，且叠合面应根据设计要求预留凸凹差（当无要求时，凹凸差为6 mm），形成延期粗糙面。

2. 大体积混凝土结构浇筑

（1）全面分层

当结构平面面积不大时，可将整个结构分为若干层进行浇筑，即第一层全部浇筑完毕后，再浇筑第二层，如此逐层连续浇筑，直到结束。

（2）分段分层

当结构平面面积较大时，全面分层已不适应，这时可采用分段分层浇筑方案。即将结构划分为若干段，每段又分为若干层，先浇筑第一段各层，然后浇筑第二段各层，如此逐层连续浇筑，直至结束。

（3）斜面分层

当结构的长度超过厚度的3倍时，可采用斜面分层的浇筑方案。这里，振捣工作应从浇筑层斜面下端开始，逐渐上移，且振动器应与斜面垂直。

（三）混凝土密实成型

混凝土浇入模板以后是较疏松的，里面含有空气与气泡。而混凝土的强度、抗冻性、抗渗性以及耐久性等，都与混凝土的密实程度有关。目前主要是用人工或机械捣实混凝土使混凝土密实。人工捣实是用人力的冲击来使混凝土密实成型，只有在缺乏机械、工程量不大或机械不便工作的部位采用。

混凝土振捣主要采用振捣器进行，振捣器产生小振幅、高频率的振动，使混凝土在其振动的作用下，内摩擦力和黏结力大大降低，使干稠的混凝土获得流动性，在重力的作用下集料互相滑动而紧密排列，空隙由砂浆所填满，空气被排出，从而使混凝土密实，并填满模板内部空间，且与钢筋紧密结合。

1. 混凝土振捣器

（1）插入式振捣器

根据使用的动力不同，插入式振捣器有电动式、风动式和内燃机式三类。内燃机式仅用于无电源的场合。风动式因其能耗较大、不经济，同时风压和负载变化时会使振动频率显著改变，因而影响混凝土振捣密实质量，逐渐被淘汰。因此，一般工程均采用电动式振捣器。

（2）外部式振捣器

外部式振捣器包括附着式、平板（梁）式及振动台 3 种类型。其中，平板（梁）式振捣器有两种形式：一类是在附着式振捣器底座上用螺栓紧固一块木板或钢板（梁），通过附着式振捣器所产生的激振力传递给振板，迫使振板振动而振实混凝土；另一类是定型的平板（梁）式振捣器，振板为钢制槽形（梁形）振板，上有把手，便于边振捣、边拖行，更适用于大面积的振捣作业。

混凝土振动台，又称台式振捣器，是一种使混凝土拌合物振动成型的机械。其机架一般支撑在弹簧上，机架下装有激振器，机架上安置成型制品的钢模板，模板内装有混凝土拌合物。在激振器的作用下，机架连同模板及混合料一起振动，使混凝土拌合物密实成型。

2. 振捣器的使用与振实判断

（1）插入式振捣器

用振捣器振捣混凝土，应在台面上按一定顺序和间距，逐点插入进行振捣。

（2）外部式振捣器

外部式振捣器是强力振动成型的机械装置，必须安装牢固在振捣作业中，必须安置牢固可靠的模板锁紧夹具，以保证模板和混凝土与振捣器台面一起振动。

四、混凝土的拆模与养护

（一）混凝土的拆模

模板拆除日期取决于混凝土的强度、模板的用途、结构的性质及混凝土硬化时的气温。不承重的侧模，在混凝土强度能保证其表面棱角未因拆除模板而受损坏时，即可拆除。承重模板，如梁、板等底模，应待混凝土达到规定强度后，方可拆除。

已拆除承重模板的结构，应在混凝土达到规定的强度等级后，才允许承受全部设计载荷。拆模后应由监理（建设）单位、施工单位对混凝土的外观质量和尺寸偏差进行检查，并做好记录。如发现缺陷，应进行修补。对面积小、数量不多的蜂窝或露石的混凝土，先用钢丝刷或压力水洗刷基层，然后用1：2.5~1：2的水泥砂浆抹平；对较大面积的蜂窝、露石、露筋应按其全部深度凿去薄弱的混凝土层，然后用钢丝刷或压力水冲刷，再用比原混凝土强度等级高一个级别的细骨料混凝土填塞，并仔细捣实。对影响结构性能的缺陷，应与设计单位研究处理。

（二）混凝土的养护

混凝土浇筑完毕后，在一个相当长的时间内，应保持其适当的温度和足够的湿度，以造成混凝土良好的硬化条件，这就是混凝土的养护工作。混凝土表面水分不断蒸发，如不设法防止水分损失，水化作用未能充分进行，混凝土的强度将受到影响，还可能产生干缩裂缝。因此，混凝土养护的目的：一是创造有利条件，使水泥充分水化，加速混凝土的硬化；二是防止混凝土成型后因暴晒、风吹、干燥等自然因素影响，出现不正常的收缩、裂缝等现象。混凝土的养护方法可分为自然养护和热养护两类，如表2-6所示；混凝土柱覆盖薄膜养护，如图2-8所示。

表 2-6　混凝土的养护

类别	名称	说明
自然养护	洒水（喷雾）养护	在混凝土面不断洒水（喷雾），保持其表面湿润
	覆盖浇水养护	在混凝土面覆盖湿麻袋、草袋、湿砂、锯末等，不断洒水保持其表面湿润
	围水养护	四周围成土埂，将水蓄在混凝土表面
	铺膜养护	在混凝土表面铺上薄膜，阻止水分蒸发
	喷膜养护	在混凝土表面喷上薄膜，阻止水分蒸发
热养护	蒸汽养护	利用热蒸汽对混凝土进行湿热养护
	热水（热油）养护	将水或油加热，将构件搁置在其上养护
	电热养护	对模板加热或微波加热养护
	太阳能养护	利用各种罩、窑、集热箱等封闭装置对构件进行养护

图 2-8　混凝土柱覆盖薄膜养护图

第五节　剪力墙结构特点与构造要求分析

一、剪力墙结构的布置

剪力墙是宽度和高度比其厚度大得多，且以承受水平载荷为主的竖向结构。剪力墙平面内的刚度很大，而平面外的刚度很小。为了保证剪力墙的侧向稳定，各层楼盖对它的支撑作用很重要。剪力墙的下部一般固接于基础顶面，构成竖向悬臂构件，习惯上称其为落地剪力墙。剪力墙既可以承受水平载荷，也可以承受竖向载荷，而其承受平行于墙体平面的水平载荷最有利。在抗震设防区，水平载荷还包括水平地震作用，因此剪力墙有时也称为抗震墙。

剪力墙宜沿结构的主轴方向双向或多向布置，宜使两个方向的刚度接近，避免结构某一方向刚度很大而另一方向刚度较小。剪力墙墙肢截面宜简单、规则。剪力墙沿建筑物整个高度宜贯通对齐，上下不错层、不中断，以避免沿高度方向墙体刚度产生突变。较长的剪力墙可用楼板或弱的连梁分为若干个独立墙段，每个独立墙段的总高度与长度之比不宜小于 2。

剪力墙的门窗洞口宜上下对齐、成列布置，以形成明显的墙肢和连梁，不宜采用错洞墙。洞口设置应避免墙肢刚度相差悬殊。墙肢截面长度与厚度之比不宜小于 3。

多层大空间剪力墙结构的底层应设落地剪力墙或筒体。在平面为长矩形的建筑中，落地横向剪力墙的数量不能太少，一般不宜少于全部横向剪力墙的 30%（非抗震设计）。底层落地剪力墙和筒体应加厚，并可提高混凝土强度等级以补偿底层的刚度。落地剪力墙和筒体的洞口宜布置在墙体的中部。非抗震设计时，落地剪力墙的间距应符合以下规定。

$$l_W \leqslant 3B,\ l_W \leqslant 36\ \text{m}\ (B\ 为楼面宽度)$$

框支剪力墙结构中框支梁上的一层墙体不宜在边端设门洞，不得在中柱上方设门洞。①

二、剪力墙结构的受力特点

在剪力墙的内力和位移计算中，根据墙面的开洞情况和截面应力的分布特点，可将剪力墙分为整截面剪力墙、整体小开口剪力墙、联肢剪力墙和壁式框架四类，如图 2-9 所示。这里所讨论的各类型剪力墙具有共同的特点：开洞剪力墙由成列洞口划分为若干墙肢，各列墙肢和连梁的刚度比较均匀。与框架结构一样，剪力墙结构承受的作用包括竖向载荷、水平载荷和地震作用等。

---

① 侯献语，傅鸣春，查湘义．钢筋混凝土结构［M］．武汉：华中科技大学出版社，2018.

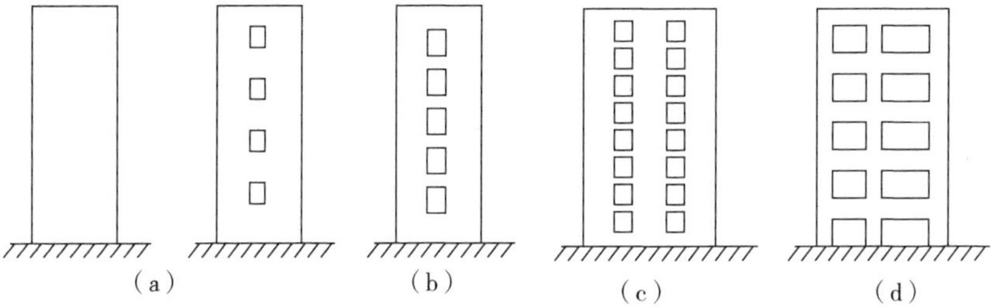

图 2-9　剪力墙的类型

(**a**) 整截面剪力墙；(**b**) 整体小开口剪力墙；(**c**) 联肢剪力墙；(**d**) 壁式框架

(一) 整截面剪力墙

不开洞或仅有小洞口的剪力墙，当洞口面积小于整墙截面面积的15%，且孔洞间距及洞口至墙边距离均大于洞口长边尺寸时，将这种墙体称为整截面剪力墙，如图 2-10 (a) 所示。

整截面剪力墙在水平载荷作用下，可视为一个整体的悬臂弯曲构件，而忽略洞口对墙体应力的影响。整截面剪力墙沿水平截面内的正应力呈线性分布，如图 2-10 (a) 所示；剪力墙的变形以弯曲变形为主，如图 2-10 (b) 所示。其特点是在结构上部层间侧移较大，越到底部层间侧移越小。墙底部轴力最大，如图 2-10 (c) 所示；弯矩图沿高度截面无突变、无反弯点，如图 2-10 (d) 所示。

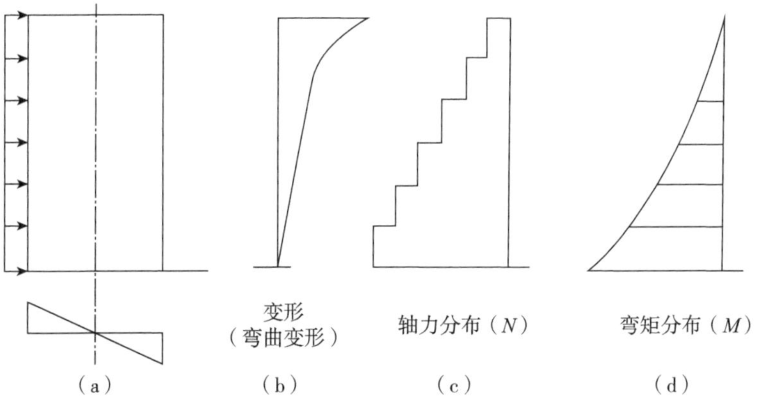

图 2-10　整截面剪力墙内力分析

（二）整体小开口剪力墙及联肢剪力墙

若门窗洞口沿竖向成列布置、洞口总面积虽超过了墙体总面积的15%，但墙肢都较宽，洞口仍较小，连梁的刚度相对于墙肢刚度较大时，将这种开洞剪力墙称为整体小开口剪力墙。

当剪力墙上开洞规则（洞口上下对齐、截面高度不变）且洞口面积较大时，剪力墙已被分割成彼此联系较弱的若干墙肢，这种墙体称为联肢墙。墙面上开有一排洞口的剪力墙称为双肢剪力墙（简称双肢墙），墙面上开有多排洞口的剪力墙称为多肢剪力墙（简称多肢墙）。

对于整体小开口剪力墙，由于开洞很小，连梁的刚度又很大，因而连梁对墙肢的约束作用很强，整个剪力墙的整体性很好。此时，其正截面中的正应力分布仍以弯曲变形为主，呈线性分布，如图2-11（a）所示，与整截面剪力墙的截面正应力分布相似。

在联肢剪力墙中，整个剪力墙截面中正应力已不再呈线性分布，墙肢中局部弯曲正应力的比例加大，如图2-11（b）所示。

整体小开口剪力墙及联肢剪力墙在水平载荷作用下，沿墙肢高度上的弯矩图在连续梁处有突变、个别楼层中会出现反弯点，如图2-11（d）所示；但二者的变形仍以弯曲变形为主，如图2-11（c）所示。

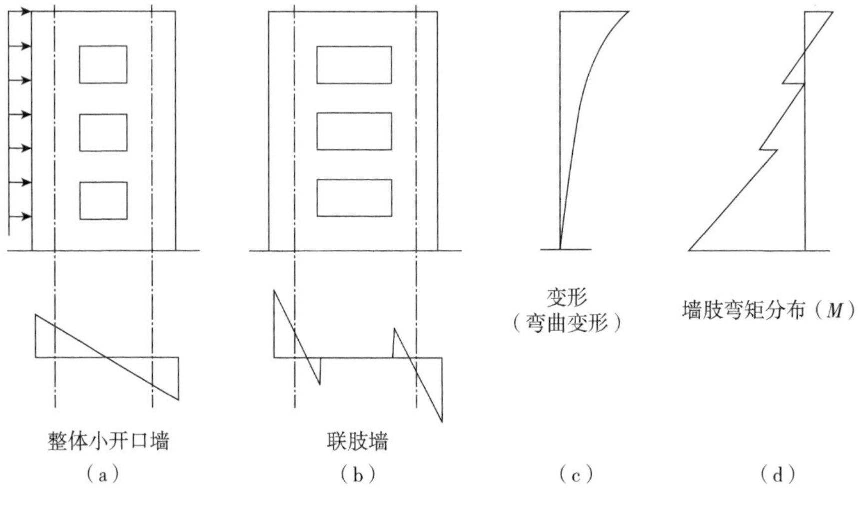

图2-11　整体小开口剪力墙及联肢剪力墙内力分析

（三）壁式框架

当剪力墙有多列洞口，且洞口尺寸很大时，由于连梁的线刚度接近于墙肢的线刚度，整个剪力墙的受力性能接近于框架，故将这类剪力墙视为壁式框架，如图 2-12 所示。

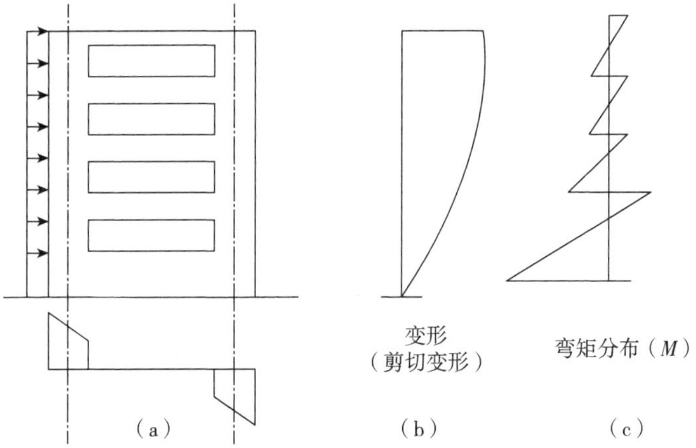

图 2-12 壁式框架内力分析

在水平载荷作用下，墙肢的弯矩图除在连梁处有突变外，几乎在所有的连梁之间的墙肢都有反弯点出现，如图 2-12（c）所示；沿水平截面的正应力已不再呈线性分布，如图 2-12（a）所示；剪力墙的变形以剪切变形为主，如图 2-12（b）所示。其特点是在结构上部层间相对位移较小，越到底部层间相对位移越大。整个剪力墙的受力特点与框架相似，所不同的是，由于壁式框架是宽梁宽柱，故连梁和墙肢节点的刚度很大，几乎不产生变形，节点区形成一个刚域。

（四）剪力墙结构构件的受力特点

1. 墙肢

在整截面剪力墙中，墙肢处于受压、受弯和受剪状态，而开洞剪力墙的墙肢可能处于受压、受弯和受剪状态，也可能处于受拉、受弯和受剪状态，后者出现的机会很少。在墙肢中，其弯矩和剪力均在墙底部达到最大值，因此墙底截面是剪力墙设计的控制截面。

剪力墙墙肢为压（拉）、弯和剪共同作用下的复合受力构件，其截面配筋计算与偏心受压柱或偏心受拉杆类似，但也有不同之处。由于剪力墙截面高度大，在墙肢内除在端部集中配置竖向钢筋外，还应在剪力墙腹板中设置分布钢筋。截面端部的竖向钢筋与竖向分布钢筋共同抵抗压弯作用；水平分布钢筋承担剪力作用；竖向分布钢筋与水平分布钢筋形成网状，还可以抵抗墙面混凝土的收缩及温度应力。

2. 连梁

剪力墙结构中的连梁承受弯矩、剪力、轴力的共同作用，属于受弯构件。

沿房屋高度方向内力最大的连梁并不在底层，应选择内力最大的连梁进行配筋计算。连梁由正截面承载力计算纵向受力钢筋（上、下配筋），由斜截面承载力计算箍筋用量。由于在剪力墙结构中连梁的跨高比都比较小，因而连梁容易出现斜裂缝，也容易出现剪切破坏。连梁通常采用对称配筋。①

三、剪力墙结构的构造要求

（一）材料强度

钢筋混凝土剪力墙中，混凝土强度等级不宜低于 C20。墙中的分布钢筋和箍筋采用 HPB300 级钢筋，纵向钢筋宜采用 HRB400 级或 HRB500 级钢筋。

（二）剪力墙的最小厚度

剪力墙的厚度不应太小，以保证墙体平面的刚度和稳定性以及浇筑混凝土的质量。钢筋混凝土剪力墙的截面厚度不应小于 160 mm，且不应小于楼层高度的 1/25。

（三）墙肢配筋构造

1. 墙肢端部纵向钢筋

剪力墙两端和洞口两侧应按规定设置边缘构件。边缘构件分为约束边缘构件和构造边缘构件。非抗震设计时应设构造边缘构件（包括端柱及暗柱）。

在墙肢两端应集中配置直径较大的竖向受力钢筋，与墙内的竖向分布钢筋共同承受正截面受弯承载力。端部竖筋应置于由箍筋或水平分布钢筋和拉筋约束的边缘构件内。当墙肢端部有端柱时，其钢筋分布如图 2-13（a）所示；当墙肢端部无端柱时，应设置构造暗柱，如图 2-13（b）所示。

---

① 侯献语，傅鸣春，查湘义．钢筋混凝土结构［M］．武汉：华中科技大学出版社，2018.

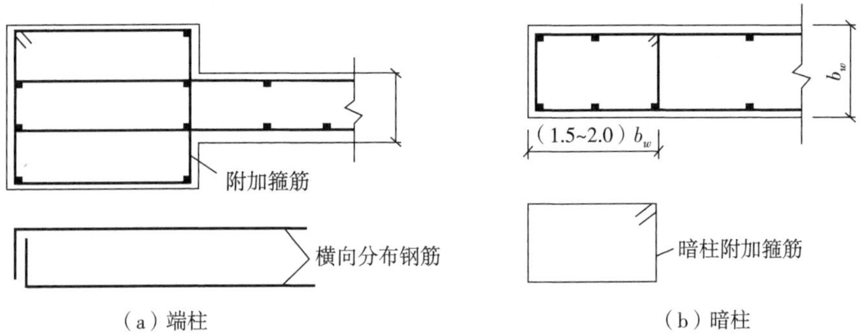

图 2-13 墙肢端部配筋构造

非抗震设计时，剪力墙端部应按构造配置不少于 4 根直径为 12 mm 的竖向受力钢筋或 2 根直径为 16 mm 的钢筋；沿竖向钢筋方向宜配置直径不小于 6 mm、间距为 250 mm 的拉筋。

端柱及暗柱内纵向钢筋的连接和锚固要求宜与框架柱相同。非抗震设计时，剪力墙纵向钢筋的最小锚固长度应取 l_a 。

2. 墙身分布钢筋

剪力墙墙身分布钢筋分为水平分布钢筋和竖向分布钢筋，其作用是：①使剪力墙有一定的延性，破坏前有明显的位移和征兆，防止突然脆性破坏；②当混凝土受剪破坏后，钢筋仍有足够的抗剪能力，使剪力墙不会突然倒塌；③减少和防止产生温度裂缝；④当因施工拆模或其他原因使剪力墙产生裂缝时，能有效地控制裂缝持续发展。

剪力墙分布钢筋的配筋方式有单排配筋及多排配筋。单排配筋施工方便，但当墙体厚度较大时，表面易出现温度收缩裂缝。因此，当高层建筑的剪力墙厚度较大时，不应采用单排分布钢筋。

剪力墙中的分布钢筋应满足如下构造要求。

(1) 当剪力墙厚度大于 160 mm 时，应采用双排布置；结构中重要部位的剪力墙，当其厚度不大于 160 mm 时，也宜配置双排分布钢筋网。双排分布钢筋网应沿墙的两个侧面布置，且应采用拉筋连系，拉筋应与外皮钢筋钩牢。

由于施工是先立竖向钢筋，后绑水平分布钢筋，为施工方便，竖向钢筋宜在内侧，水平钢筋宜在外侧，并且多采用水平与竖向分布钢筋同直径、同间距。

（2）剪力墙中水平和竖向分布钢筋的配筋率分别不应小于0.20%，其直径不应小于8 mm，间距不应大于300 mm；拉筋直径不应小于6 mm，间距不宜大于600 mm。

（3）剪力墙水平分布钢筋应伸至墙端，并向内水平弯折10d后截断，其中d为水平分布钢筋直径。当剪力墙端部有翼墙或转角墙时，内墙两侧的水平分布钢筋和外墙内侧的水平分布钢筋应伸至翼墙或转角墙外边，并分别向两侧水平弯折15d后截断；在转角墙处，外墙外侧的水平分布钢筋应在墙端外角处弯入翼墙，并与翼墙外侧水平分布钢筋搭接，搭接长度$l_l \geq 1.2 l_a$。剪力墙水平分布钢筋的连接构造如图2-14所示。

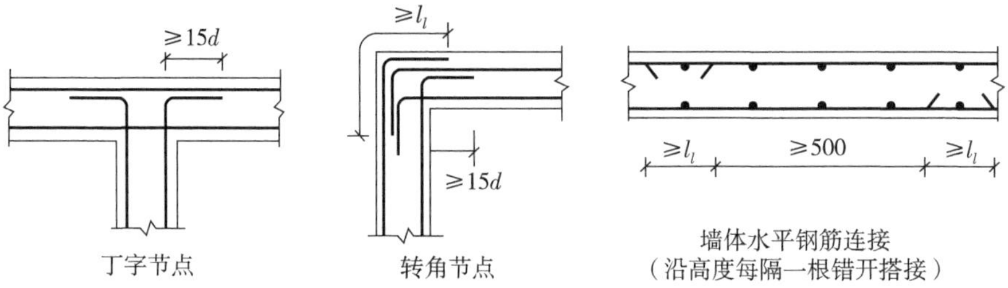

图2-14　剪力墙水平分布钢筋的连接构造

（4）剪力墙水平分布钢筋的搭接长度不应小于$1.2 l_a$。同排水平分布钢筋的搭接接头之间以及上、下相邻水平分布钢筋的搭接接头之间沿水平方向的净间距不宜小于500 mm。

（5）剪力墙竖向分布钢筋可在同一截面搭接，搭接长度不应小于$1.2l_a$，且不应小于300 mm。当分布钢筋直径大于28 mm时，不宜采用搭接头。

3. 连梁的配筋构造

（1）剪力墙连梁顶面、底面纵向受力钢筋两端应伸入墙内，其锚固长度不应小于l_a。

（2）连梁应沿全长配置箍筋，箍筋直径不宜小于6 mm，间距不宜大于150 mm。

（3）在顶层连梁纵向钢筋伸入墙内的锚固长度范围内，应配置间距不大于150 mm的构造箍筋，箍筋直径应与该连梁跨内的箍筋直径相同。

（4）墙体水平分布钢筋应作为连梁的腰筋在连梁范围内拉通连续配置；当连梁截面高度大于700 mm时，其两侧面沿梁高范围设置的纵向构造钢筋

（腰筋）的直径不应小于 10 mm，间距不应大于 200 mm。

4. 剪力墙洞口的补强措施

《高层建筑混凝土结构技术规程》规定，当剪力墙墙面开有非连续小洞口（洞口各边长度小于 800 mm）时，应将洞口处被截断的分布钢筋的配置量分别集中配置在洞口的上、下和左、右两边，且钢筋直径不应小于 12 mm，自洞口边伸入墙内的长度应不小于 l_a，如图 2-15（a）所示；剪力墙洞口上、下两边的水平纵向钢筋，除应满足洞口连梁正截面受弯承载力要求外，应不少于 2 根，且不宜小于洞口截断的水平分布钢筋总截面面积的一半。

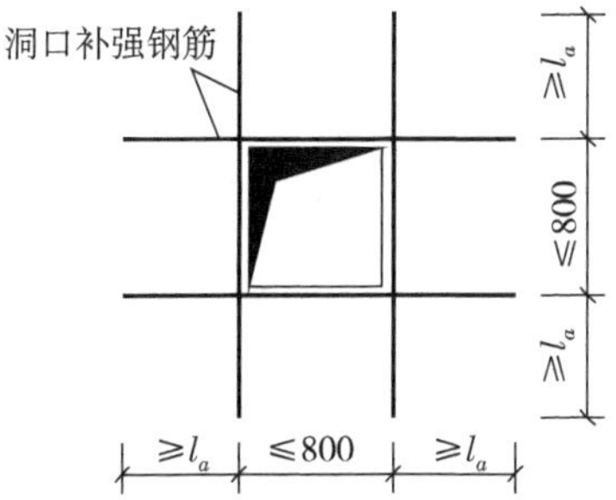

（a）剪力墙洞口补强

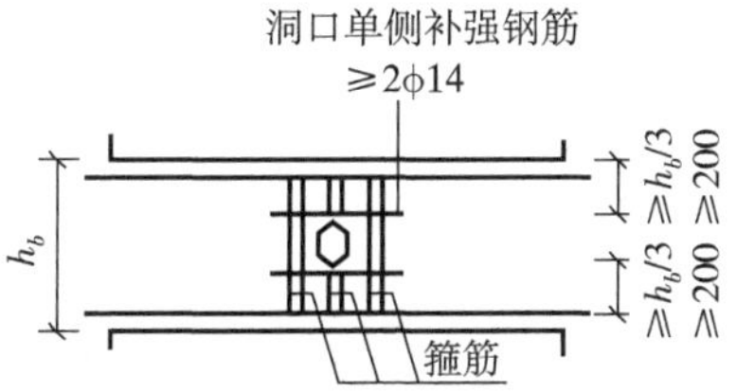

（b）连梁洞口补强

图 2-15　洞口补强配筋示意

穿过连梁的管道宜预埋套管，洞口上、下的有效高度不宜小于梁高的 1/3，且不宜小于 200 mm，洞口处宜配置补强钢筋，如图 2-15（b）所示。

第三章　钢筋混凝土梁施工技术分析研究

随着时代的发展，我国科学技术得到了很大进步，尤其是在建筑业方面发展较为迅速，新技术得到大量应用，特别是在高层建筑中，钢筋混凝土梁施工可以取代传统类型的复杂设计，不仅可以满足空间和结构改造的要求，而且可以有效提高工程结构质量，促进建筑业的发展。

第一节　梁平法施工图识读与钢筋算量

一、梁平法施工图的表示方法

（1）梁平法施工图是在梁平面布置图上采用平面注写方式或截面注写方式表达。

（2）梁平面布置图，应分别按梁的不同结构层（标准层），将全部梁和与其相关联的柱、墙、板一起采用适当比例绘制。

（3）在梁平法施工图中，应当用表格或其他方式注明各结构层的顶面标高及相应的结构层号。

（4）对于轴线未居中的梁，应标注其偏心定位尺寸（贴柱边的梁可不注）。

二、平面注写的主要方式介绍

（1）平面注写方式是在梁平面布置图上，分别在不同编号的梁中各选一根梁，在其上注写截面尺寸和配筋具体数值来表达梁平法施工图。

平面注写包括集中标注与原位标注，集中标注表达梁的通用数值，原位标注表达梁的特殊数值。当集中标注中的某项数值不适用于梁的某部位时，将该项数值原位标注，施工时原位标注取值优先，如图 3-1 所示。

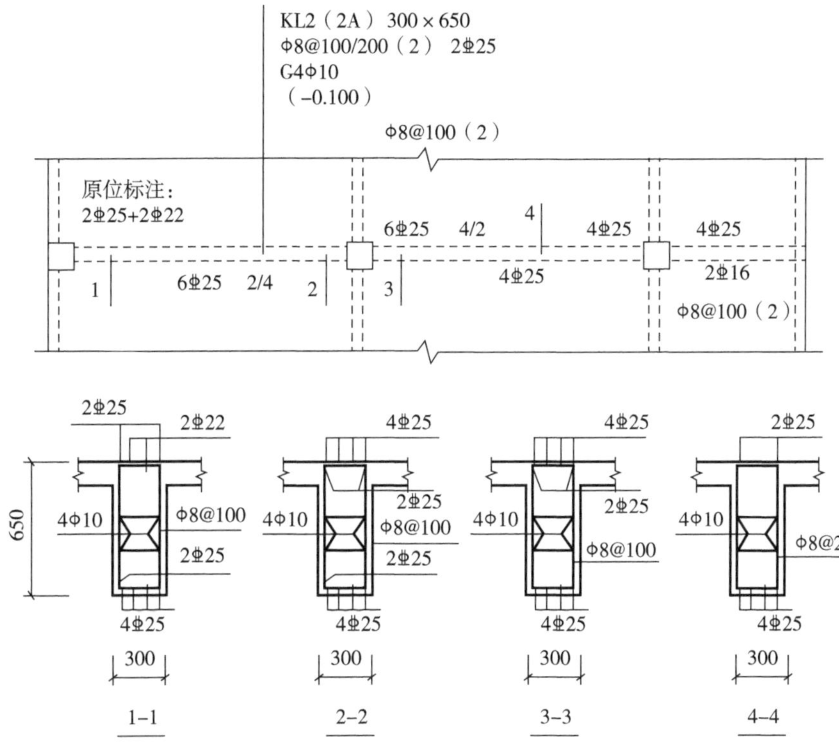

图 3-1　平面注写方式示例

注：图中 4 个梁截面采用传统表示方法绘制，用于对比按平面注写方式表达的同样内容。实际采用平面注写方式表达时，无须绘制梁截面配筋图和图中的相应截面号。

（2）梁编号由梁类型代号、序号、跨数及有/无悬挑代号组成，如表 3-1 所示。

表 3-1　梁编号

梁类型	代号	序号	跨数及是否带有悬挑
楼层框架梁	KL	××	（××）、（××A）或（××B）
屋面框架梁	WKL	××	（××）、（××A）或（××B）
框支梁	KZL	××	（××）、（××A）或（××B）
非框支梁	L	××	（××）、（××A）或（××B）
悬挑梁	XL	××	（××）、（××A）或（××B）
井字梁	JZL	××	（××）、（××A）或（××B）

注：（××A）为一端有悬挑，（××B）为两端有悬挑，悬挑不计入跨数。

(3) 梁集中标注的内容，有 5 项必注值及 1 项选注值（集中标注可以从梁的任意一跨引出），规定如下。

①梁编号，如表 3-1 所示，该项为必注值。

②梁截面尺寸，该项为必注值。当为等截面梁时，用 $b\times h$ 表示。

当为竖向加腋梁时，用 $b\times h$ GY $c_1\times c_2$ 表示，其中 c_1 为腋长，c_2 为腋高，如图 3-2 所示。

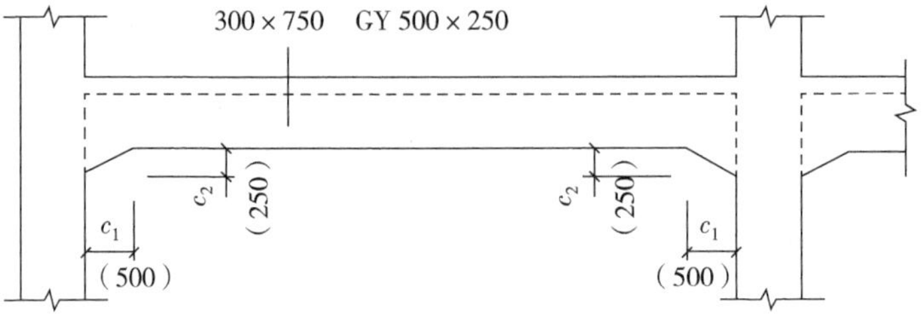

图 3-2 竖向加腋梁截面注写示意

当为水平加腋梁时，一侧加腋时用 $b\times h$ PY $c_1\times c_2$ 表示，其中 c_1 为腋长，c_2 为腋宽，加腋部位应在平面图中绘制，如图 3-3 所示。

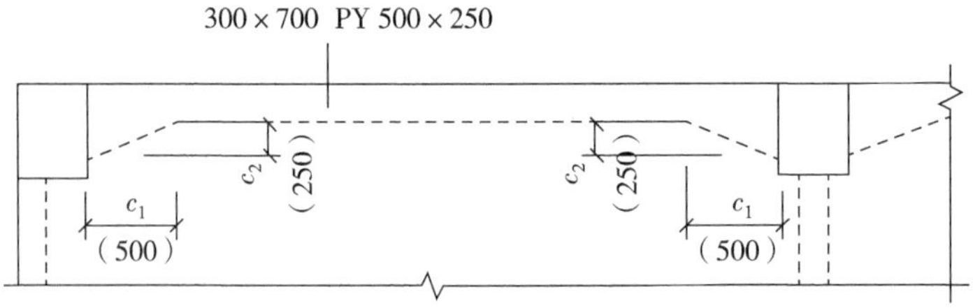

图 3-3 水平加腋梁截面注写示意

当有悬挑梁并且根部和端部的高度不同时，用斜线分隔根部与端部的高度值，即 $b\times h_1/h_2$，如图 3-4 所示。

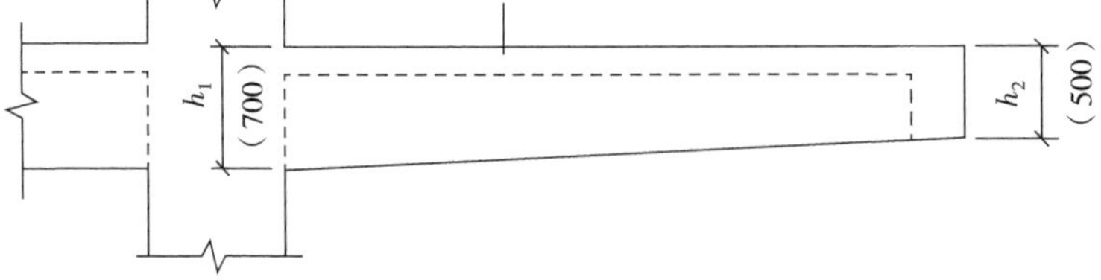

图 3-4 悬挑梁不等高截面注写示意

③梁箍筋，包括钢筋级别、直径、加密区与非加密区间距及肢数，该项为必注值。箍筋加密区与非加密区的不同间距及肢数需用斜线“/”分隔；当梁箍筋为同一种间距及肢数时，无须用斜线；当加密区与非加密区的箍筋肢数相同时，将肢数注写一次，箍筋肢数应写在括号内。加密区范围见相应抗震等级的标准构造详图。

当抗震设计中的非框架梁、悬挑梁、井字梁以及非抗震设计中的各类梁采用不同的箍筋间距及肢数时，也用斜线“/”将其分隔开来。注写时，先注写梁支座端部的箍筋（包括箍筋的箍数、钢筋级别、直径、间距及肢数），在斜线后注写梁跨中部分的箍筋间距及肢数。

④梁上部通长筋或架立筋配置（通长筋可为相同或不同的直径采用搭接连接、机械连接或焊接的钢筋），该项为必注值。所注规格与根数应根据结构受力要求及箍筋肢数等构造要求而定。当同排纵筋中既有通长筋又有架立筋时，应用加号“+”将通长筋和架立筋相连。注写时需将角部纵筋写在加号的前面，架立筋写在加号后面的括号内，以示不同直径及与通长筋的区别。当全部采用架立筋时，将其写入括号内。

当梁的上部纵筋和下部纵筋为全跨相同，而且多数跨配筋相同时，此项可加注下部纵筋的配筋值，用分号“；”将上部与下部纵筋的配筋值分隔开来，少数跨不同者，按上述第①条的规定处理。

⑤梁侧面纵向构造钢筋或受扭钢筋配置，该项为必注值。当梁腹板高度 $h_w \geqslant 450$ mm 时，需配置纵向构造钢筋，所注规格与根数应符合规范规定。此项注写值以大写字母 G 打头，接续注写设置在梁两个侧面的总配筋值，并且对称配置。

当梁侧面需配置受扭纵向钢筋时，此项注写值以大写字母 N 打头，接续注写配置在梁两个侧面的总配筋值，并且对称配置。受扭纵向钢筋应满足梁侧面纵向构造钢筋的间距要求，而且不再重复配置纵向构造钢筋。

⑥梁顶面标高高差，该项为选注值。梁顶面标高高差是指相对于结构层楼面标高的高差值，对于位于结构夹层的梁，则指相对于结构夹层楼面标高的高差。有高差时，需将其写入括号内，无高差时不标注。①

（4）梁原位标注的内容规定如下。

---

① 穆丹丹，祝冰青，李伟珍．钢筋混凝土结构工程施工［M］．天津：天津大学出版社，2017.

①梁支座上部纵筋，该部位含通长筋在内的所有纵筋。

a. 当上部纵筋多于一排时，用斜线“/”将各排纵筋自上而下分开。

b. 当同排纵筋有两种直径时，用加号“+”将两种直径的纵筋相连，注写时将角部纵筋写在前面。

c. 当梁中间支座两边的上部纵筋不同时，需在支座两边分别标注；当梁中间支座两边的上部纵筋相同时，可仅在支座的一边标注配筋值，另一边省去不注，如图 3-5 所示。

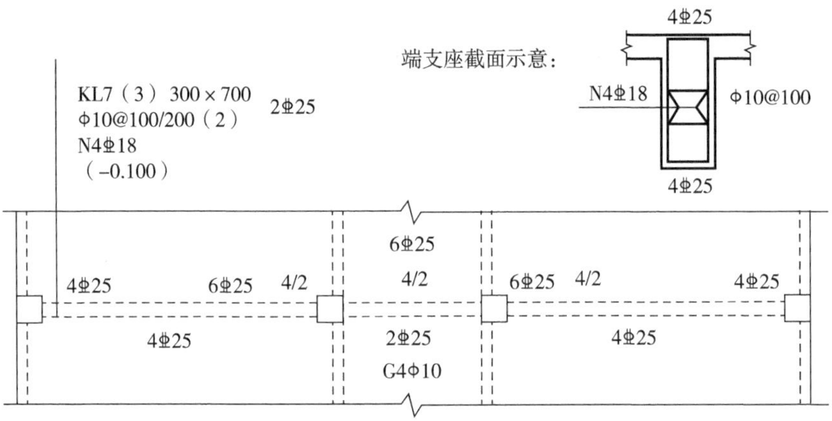

图 3-5　大小跨梁的注写示意

设计时应注意：

a. 对于支座两边不同配筋值的上部纵筋，宜尽可能选用相同直径（不同根数），使其贯穿支座，避免支座两边不同直径的上部纵筋均在支座内锚固。

b. 对于以边柱、角柱为端支座的屋面框架梁，当能够满足配筋截面面积要求时，其梁的上部钢筋应尽可能只配置一层，以避免梁柱纵筋在柱顶处因层数过多、密度过大导致不方便施工和影响混凝土浇筑质量。

②梁下部纵筋。

a. 当下部纵筋多于一排时，用斜线“/”将各排纵筋自上而下分开。

b. 当同排纵筋有两种直径时，用加号“+”将两种直径的纵筋相连，注写时角筋写在前面。

c. 当梁下部纵筋不全部伸入支座时，将梁支座下部纵筋减少的数量写在括号内。

d. 当梁的集中标注中已按上述第（3）条第④款的规定分别注写了梁上

部和下部均为通长的纵筋值时，无须在梁下部重复做原位标注。

e. 当梁设置竖向加腋时，加腋部位下部斜纵筋应在支座下部以 Y 打头注写在括号内，如图 3-6 所示。16G101-1 图集中框架梁竖向加腋构造适用于加腋部位参与框架梁计算，其他情况设计者应另行给出构造。当梁设置水平加腋时，水平加腋内上、下部斜纵筋应在加腋支座上部以 Y 打头注写在括号内，上、下部斜纵筋之间用斜线“/”分隔，如图 3-7 所示。

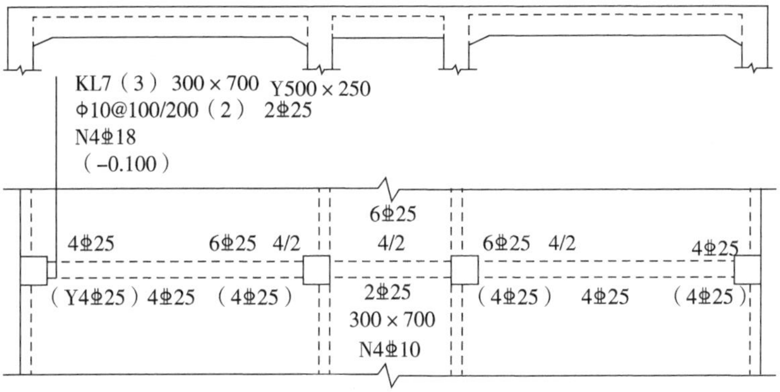

图 3-6 梁加腋平面注写方式表达示例

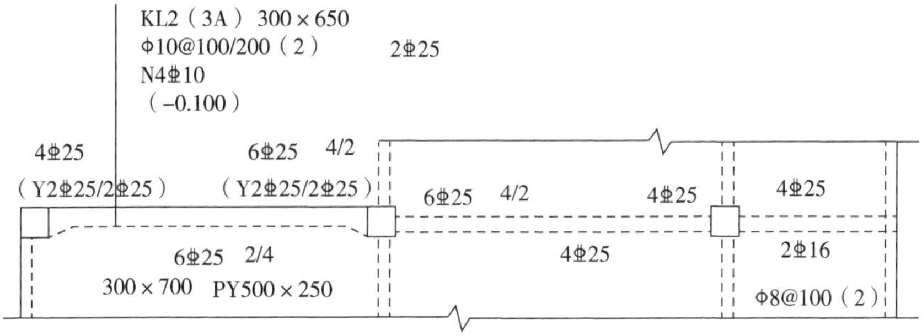

图 3-7 梁水平加腋平面注写方式表达示例

③当在梁上集中标注的内容（即梁截面尺寸、箍筋、上部通长筋或架立筋，梁侧面纵向构造钢筋或受扭纵向钢筋以及梁顶面标高高差中的某一项或几项数值）不适用于某跨或某悬挑部分时，将其不同数值原位标注在该跨或该悬挑部位，施工时应按原位标注数值取用。

当在多跨梁的集中标注中已注明加腋，而该梁某跨的根部却不需要加腋时，应在该跨原位标注等截面的 $b \times h$，以修正集中标注中的加腋信息。

④附加箍筋或吊筋，将其直接画在平面图中的主梁上，用线引注总配筋值（附加箍筋的肢数注在括号内），如图 3–8 所示。当多数附加箍筋或吊筋相同时，可在梁平法施工图上统一注明，少数与统一注明值不同时，再原位引注。

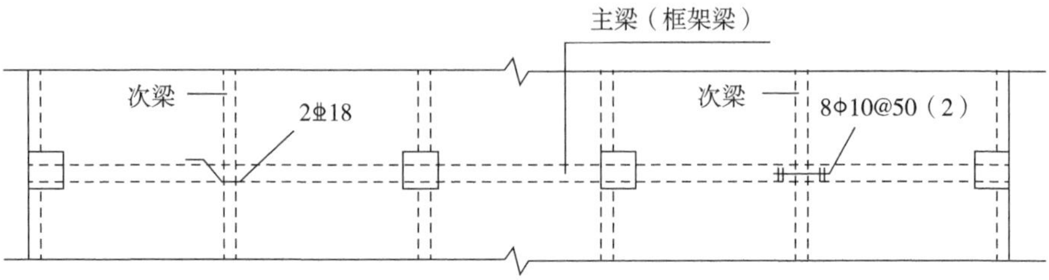

图 3–8　附加箍筋或吊筋的画法示例

施工时应注意：附加箍筋或吊筋的几何尺寸应按照标准构造详图，结合其所在位置的主梁和次梁的截面尺寸而定。

（5）井字梁一般由非框架梁构成，并且以框架梁为支座（特殊情况下以专门设置的非框架大梁为支座）。在此情况下，为明确区分井字梁与作为井字梁支座的梁，井字梁用单粗虚线表示（当井字梁顶面高出板面时可用单粗实线表示），作为井字梁支座的梁用双细虚线表示（当梁顶面高出板面时可用双细实线表示）。

井字梁是指在同一矩形平面内相互正交所组成的结构构件，井字梁所分布范围称为“矩形平面网格区域”（简称“网格区域”）。当在结构平面布置中仅有由四根框架梁框起的一片网格区域时，所有在该区域相互正交的井字梁均为单跨；当有多片网格区域相连时，贯通多片网格区域的井字梁为多跨，而且相邻两片网格区域分界处即为该井字梁的中间支座。对某根井字梁编号时，其跨数为其总支座数减 1；在该梁的任意两个支座之间，无论有几根同类梁与其相交，均不作为支座，如图 3–9 所示。

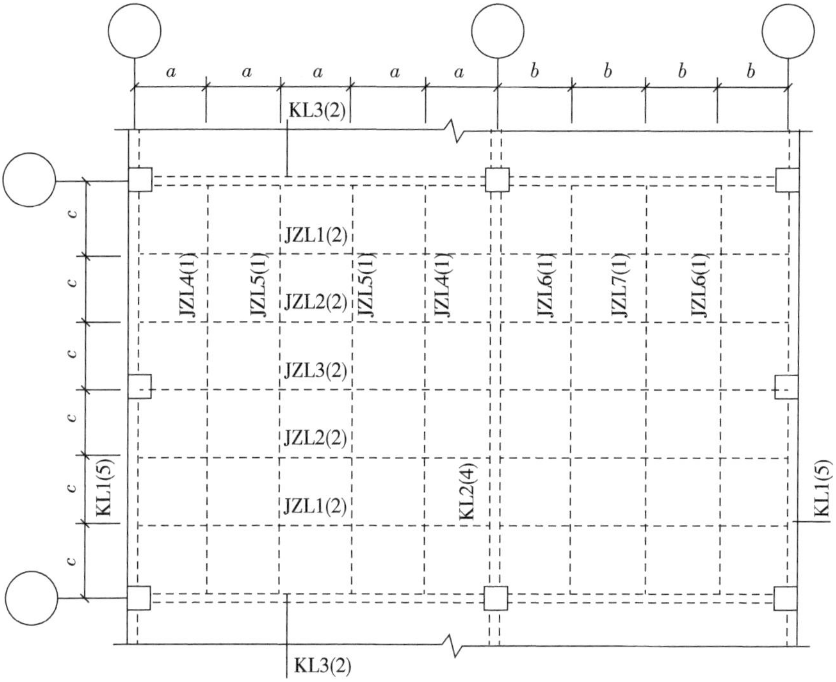

图 3-9 井字梁矩形平面网格区域示意

井字梁的注写规则符合上述第（1）～（4）条规定。除此之外，设计者应注明纵横两个方向梁相交处同一层面钢筋的上下交错关系（指梁上部或下部的同层面交错钢筋哪个梁在上哪个梁在下）以及在该相交处两方向梁箍筋的布置要求。

（6）井字梁的端部支座和中间支座上部纵筋的伸出长度值 a_0，应由设计者在原位加注具体数值予以注明。

当采用平面注写方式时，在原位标注的支座上部纵筋后面括号内加注具体伸出长度值，如图 3-10 所示。

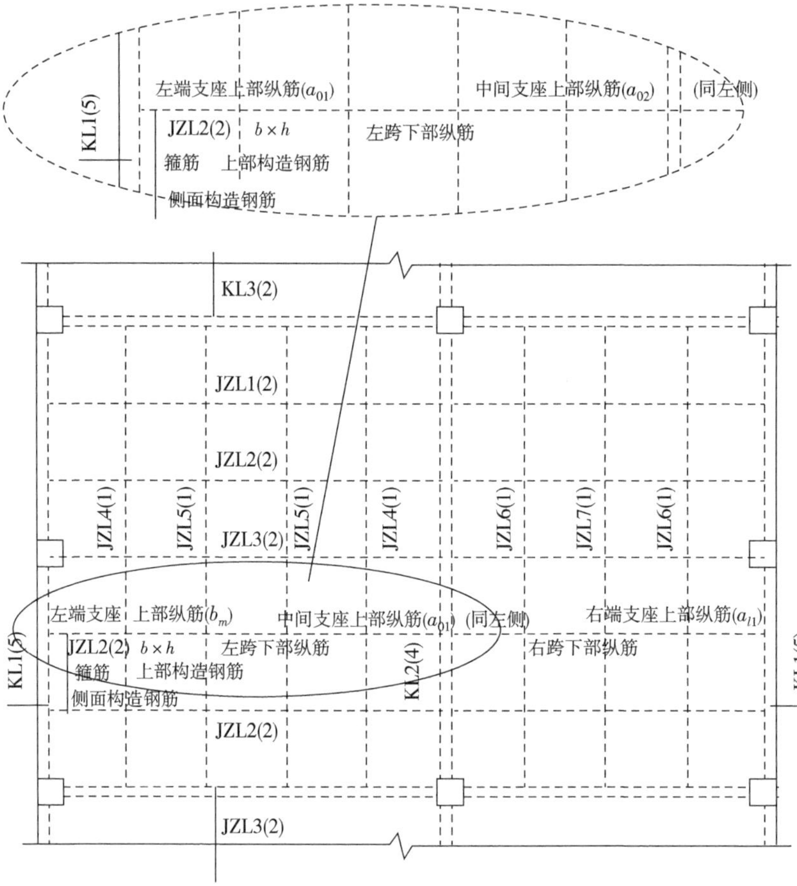

图 3-10　井字梁平面注写方式示例

注：图中仅示意井字梁的注写方法，未注明截面几何尺寸 $b\times h$，支座上部纵筋伸出长度 a_{01} ~ a_{02} 以及纵筋与箍筋的具体数值。

若采用截面注写方式，应在梁端截面配筋图上注写的上部纵筋后面括号内加注具体伸出长度值，如图 3-11 所示。

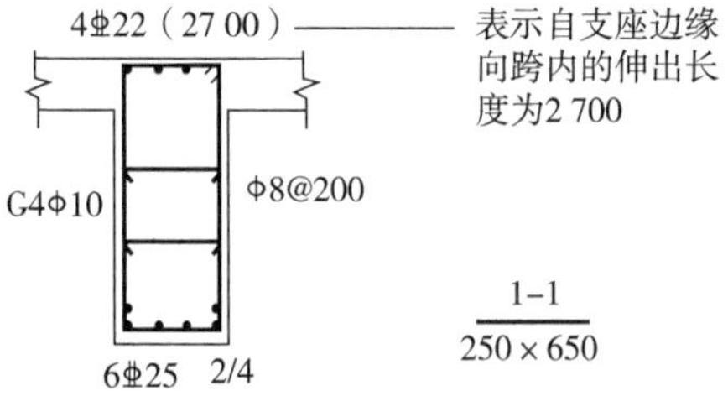

图 3-11　井字梁截面注写方式示例

设计时应注意：

①当井字梁连续设置在两片或多排网格区域时，才具有井字梁中间支座；

②当某根井字梁端支座与其所在网格区域之外的非框架梁相连时，该位置上部钢筋的连续布置方式需由设计者注明。

（7）在梁平法施工图中，当局部梁的布置过密时，可将过密区用虚线框出，适当放大比例后再用平面注写方式表示。①

（8）采用平面注写方式表达的梁平法施工图示例，如图 3-12 所示。

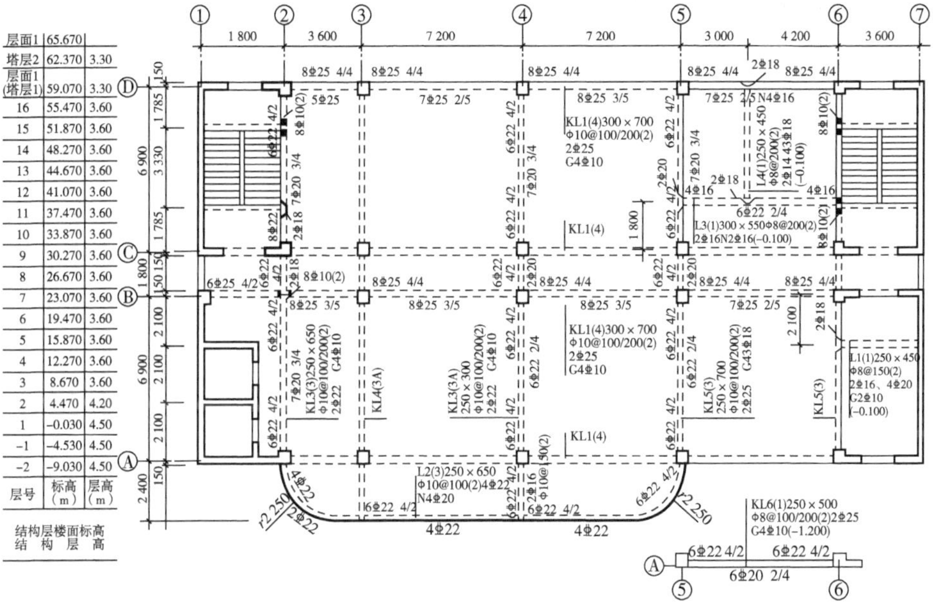

图 3-12　梁平法施工图平面注写方式示例

三、截面注写方式的内容介绍

（1）截面注写方式是在标准层绘制的梁平面布置图上，分别在不同编号的梁中各选择一根梁用剖面号引出配筋图，并在其上注写截面尺寸和配筋具体数值的方式来表达梁平法施工图。

（2）对所有梁按表 3-1 的规定进行编号，从相同编号的梁中选择一根梁，先将“单边截面号”画在该梁上，再将截面配筋详图画在图中或其他图

① 穆丹丹，祝冰青，李伟珍．钢筋混凝土结构工程施工［M］．天津：天津大学出版社，2017.

上。当某梁的顶面标高与结构层的楼面标高不同时，应在其梁编号后注写梁顶面标高高差（注写规定与平面注写方式相同）。

（3）在截面配筋详图上注写截面尺寸 $b\times h$、上部筋、下部筋、侧面构造筋或受扭筋以及箍筋的具体数值时，其表达形式与平面注写方式相同。

（4）截面注写方式既可以单独使用，也可与平面注写方式结合使用。

注：在梁平法施工图的平面图中，当局部区域的梁布置过密时，除了采用截面注写方式表达外，也可采用平面注写方式第（7）条的措施来表达。当表达异形截面梁的尺寸与配筋时，用截面注写方式相对比较方便。

（5）应用截面注写方式表达的梁平法施工图示例，如图 3-13 所示。

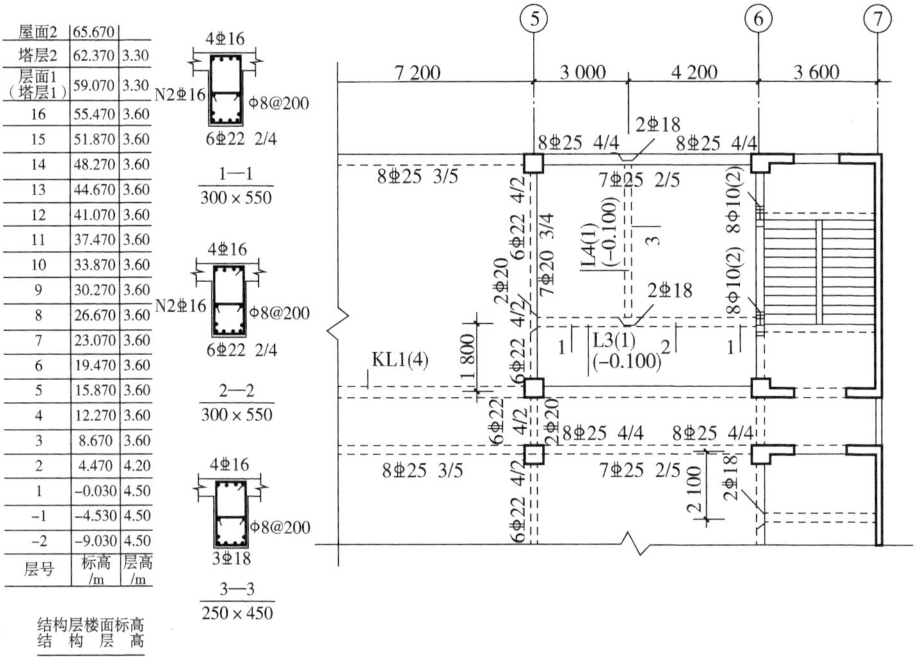

图 3-13　梁平法施工图截面注写方式示例

四、梁支座上部纵筋长度规定

（1）为方便施工，框架梁的所有支座和非框架梁（不包括井字梁）的中间支座上部纵筋的伸出长度在标准构造详图中统一取值为：第一排非通长筋及与跨中直径不同的通长筋从柱（梁）边起伸出至 $l_n/3$ 位置；第二排非通长

筋伸出至 $l_n/4$ 位置。l_n 的取值规定为：对于端支座，l_n 为本跨的净跨值；对于中间支座，l_n 为支座两边较大一跨的净跨值。

（2）悬挑梁（包括其他类型梁的悬挑部分）上部第一排纵筋伸出至梁端头并下弯，第二排伸出至 $3l/4$ 位置，l 为自柱（梁）边算起的悬挑净长。当具体工程需要将悬挑梁中的部分上部钢筋从悬挑梁根部开始斜向弯下时，应由设计者另加注明。

（3）设计者在执行上述第（1）、（2）条关于梁支座端上部纵筋伸出长度的统一取值规定时，特别是在大小跨相邻和端跨外为长悬臂的情况下，还应注意按《混凝土结构设计规范》（GB 50010-2010）的相关规定进行校核，若不满足时应根据规范规定进行变更。

五、不伸入支座梁下部纵筋长度规定

（1）当梁（不包括框支梁）下部纵筋不全部伸入支座时，不伸入支座的梁下部纵筋截断点距支座边的距离，在标准构造详图中统一取为 $0.1l_{ni}$（l_{ni} 为本跨梁的净跨值）。

（2）当按上述第（1）条规定确定不伸入支座的梁下部纵筋的数量时，应符合《混凝土结构设计规范》（GB 50010-2010）的有关规定。

第二节　梁钢筋的加工与绑扎技术分析

一、框架梁钢筋下料长度计算

（一）钢筋锚固与连接的要求

1. 钢筋锚固

（1）各类结构构件的连接关系（支座）问题。柱为框架梁的支座，梁为板的支座，剪力墙为板或梁的支座。

注：明确连接关系，在识图时能够理解图集中的构造原理及锚固长度。如果梁以柱为支座，则梁柱节点中柱内箍筋连续，而梁把纵向受力纵筋伸入柱中锚固，但箍筋并不进入柱中；柱以基础梁为支座，则基础梁内箍筋连续，而柱内钢筋纵向受力钢筋伸入基础梁中锚固；其他的类似。

（2）抗震框架梁下部钢筋在中间支座的直锚长度，应为过柱中线加 5d 与 l_{aE} 的较大者。如果贯穿支座到梁跨下某部位连接，应经设计者出具变更说明。

（3）边柱的止锚区宽度为过柱中线加 5d 至柱纵筋内侧之间的距离。抗震梁受拉钢筋在边柱支座锚固，当直锚时，应不小于 l_{aE} 且应进入止锚区后再截断；当弯锚时，应使直段不小于 0.4 l_{aE} 且应进入止锚区后再弯钩，弯钩长度为 15d 即可。

（4）受力纵筋的锚固不应全走混凝土保护层，如果不可避免，当直锚时，应在不小于 l_{aE} 的纵筋锚固长度范围设置箍筋，相当于锚固纵筋外侧配置对其有约束效果的横向钢筋；当弯锚时，可使水平锚固段走保护层（水平锚固段最好也设置横向约束钢筋），但弯钩段应扎入钢筋混凝土内（不应再走保护层）。

（5）当两构件重叠时，其同向钢筋应取较大者设置，但不需重复设置。

（6）剪力墙第一根竖向筋距暗柱或端柱纵筋的距离，为墙身竖向筋间距的 1/2；剪力墙第一根水平筋距暗梁纵筋的距离，为墙身水平筋间距的 1/2；楼板的第一根钢筋距相平行梁纵筋的距离，为板筋间距的 1/2。

（7）节点内各根同向锚固钢筋应有最小间距，不应平行接触。

2. 钢筋连接

（1）受力纵筋“能通则通”，可以贯穿多层或多跨。

（2）构件中的受力钢筋的连接应按搭接长度在规定的连接区域连接，如梁通长钢筋的连接，同上面柱子的要求。

（3）构件中的“构造钢筋”，如架立筋、侧面构造筋等按构造交错搭接长度连接，通常取 150 mm。

（4）构件中的受扭筋，按照受拉钢筋的要求锚固和连接。

（二）框架梁内钢筋布置及下料解析

鉴于框架梁内配筋的特点，为了清楚表达框架梁内的纵向钢筋，特别列举了连续梁的一般图例，如图 3-14 所示。

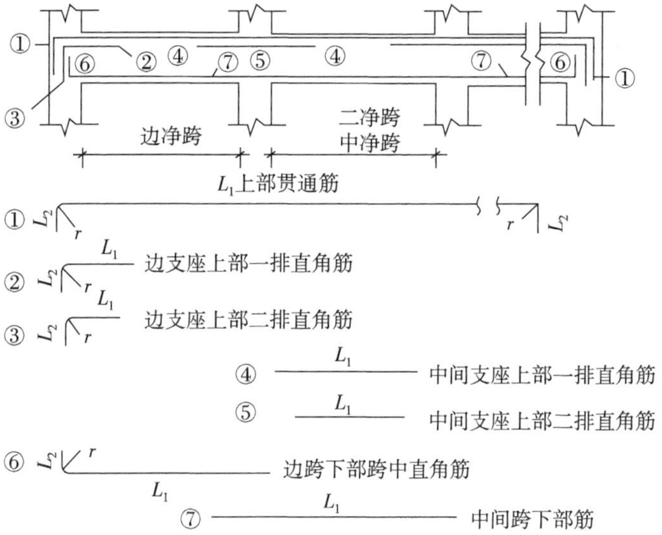

图 3-14　连续梁纵向钢筋示意

（1）①号筋：贯通筋，如图 3-15 所示。图中“$\geqslant 0.4\,l_{aE}$”表示一、二、三、四级抗震等级钢筋进入柱中水平方向的锚固长度值；括号中的“$0.4\,l_a$”表示非抗震等级钢筋进入柱中水平方向锚固长度值；“$15d$”表示在柱中竖向的锚固长度值。

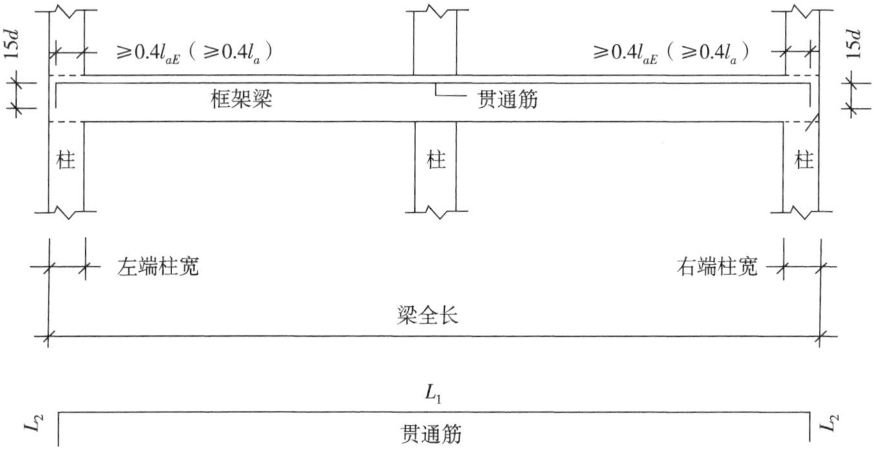

图 3-15　①号筋

贯通筋的下料尺寸计算公式如下：

$$贯通筋下料长度 = L_1 + 2 \times L_2 - 2 \times 量度差值$$

其中，L_1 值按下式计算：

$$L_1 = 梁全长 - 左端柱宽 - 右端柱宽 + 2 \times 0.4 l_{aE}(l_a)$$

常用 $l_{aE}(l_a)$ 值，如表 3-2 所示。

表 3-2　常用 $l_{aE}(l_a)$ 值

钢筋等级	强度等级	抗震等级					
		一、二级抗震		三级抗震		四级抗震、非抗震级	
		$d \leqslant 25$ mm	$d>25$ mm	$d \leqslant 25$ mm	$d>25$ mm	$d \leqslant 25$ mm	$d>25$ mm
HRB335	C30	34*d*	38*d*	34*d*	38*d*	(30*d*)	(33*d*)
	C35	31*d*	34*d*	31*d*	34*d*	(27*d*)	(30*d*)
	≥C40	29*d*	32*d*	29*d*	32*d*	(25*d*)	(27*d*)
HRB400	C30	41*d*	45*d*	41*d*	45*d*	(36*d*)	(39*d*)
	C35	34*d*	41*d*	37*d*	41*d*	(33*d*)	(36*d*)
	≥C40	34*d*	38*d*	34*d*	38*d*	(30*d*)	(33*d*)

（2）②号筋：边跨上部一排直角筋，如图 3-16 所示。此类钢筋是指梁与边柱交接处，在梁的上部放置，承受负弯矩的直角钢筋。

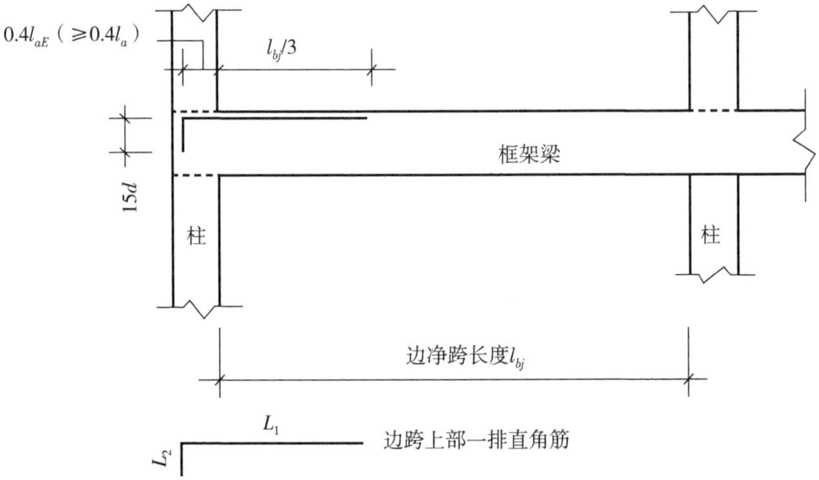

图 3-16　②号筋

$$L_1 = 边净跨长度 / 3 + 0.4 l_{aE}$$

L_2 取 15d，量度差值查表，弯曲角度为 90°。

（3）③号筋：边跨上部二排直角筋，如图 3-17 所示。

计算方法同边跨上部一排直角筋。仅在 L_1 中，前者是 1/3 边净跨长度，而后者是 3/4 边净跨长度。

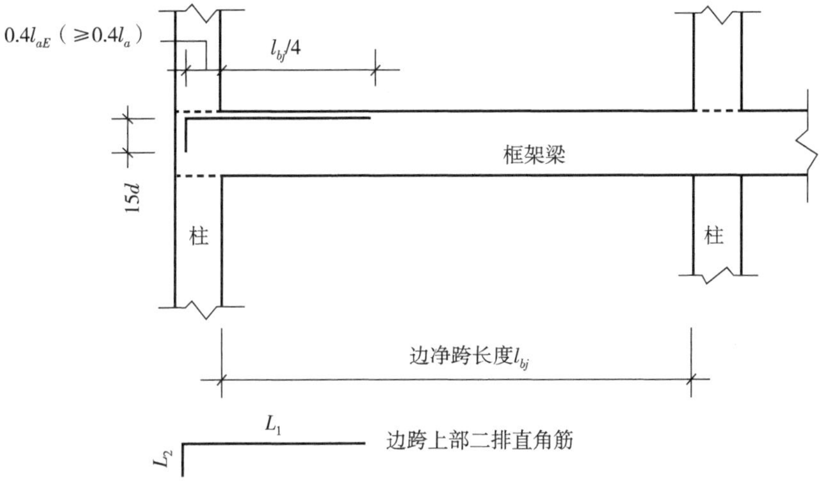

图 3-17　③号筋

（4）④号、⑤号筋：中间支座上部一排直筋，如图 3-18 所示。

钢筋下料尺寸取左、右两净跨长度大者的 1/3 再乘以 2，然后加入中间柱宽则可。

设左、右两净跨长度大者 = $L_{大}$，则④号筋下料长度 $L_1 = 2\times L_{大}/3+$中间柱宽。

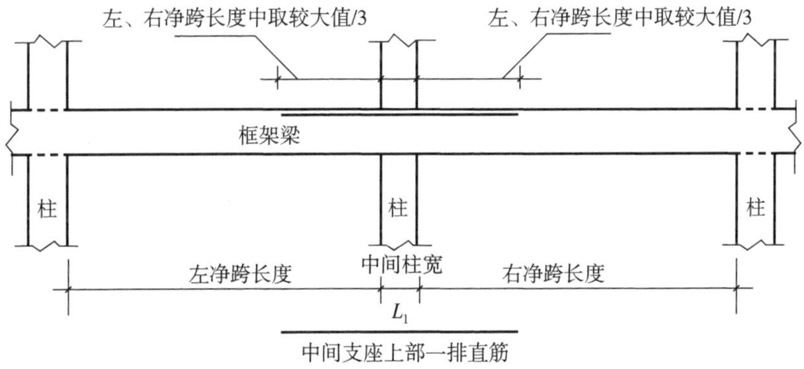

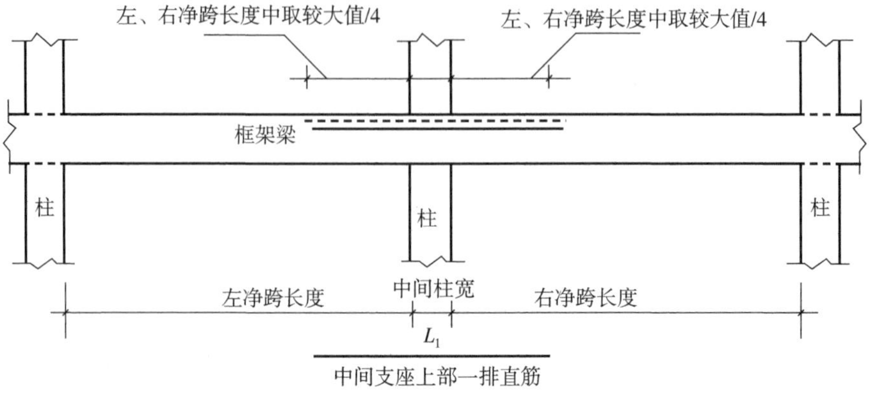

图 3-18 ④号、⑤号筋

对于中间支座上部二排直筋，取为 1/4 则可，即⑤号筋下料长度 $L_1=2\times L_{大}/4$+中间柱宽。

（5）⑥号筋：边跨下部跨中直角筋，如图 3-19 所示。

$$边跨下部跨中直角筋下料长度=L_1+L_2-量度差值$$

其中，L_1 值按下式计算：

$$L_1=0.4l_{aE}+边净跨度+锚固值$$

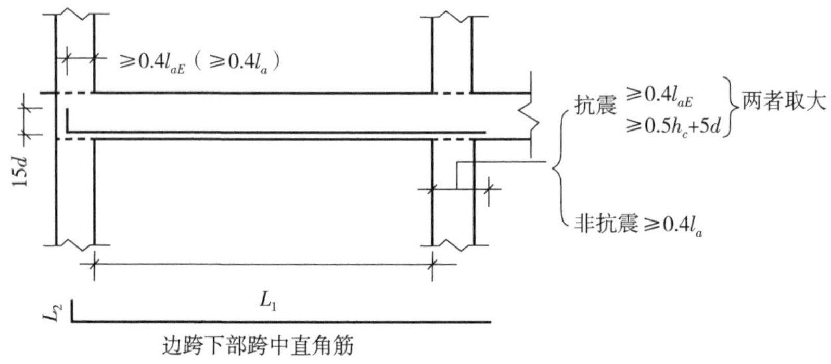

图 3-19 ⑥号筋

锚固值，对于抗震来讲，由 $0.4l_{aE}$ 与 $0.5h_c+5d$ 两者取大，对于非抗震取大于或等于 $0.4l_a$ 值，h_c 是指框架方向柱宽。

L_2 仍等于 $15d$，量度差值查表，此时弯曲角度为 90°。

（6）⑦号筋：中间跨下部筋，如图 3-20 所示。中间跨下部筋由中间净跨长度、锚入左柱部分（称为左锚固值）和锚入右柱部分（称为右锚固值）

三部分组成。

中间跨下部筋下料长度 = L_1 =左锚固值+中间净跨长度+右锚固值

左、右锚固值的取值和上面（5）的取值方法相同。要注意，当左、右两柱的宽度不一样时，两个“锚固值”有可能是不相等的。

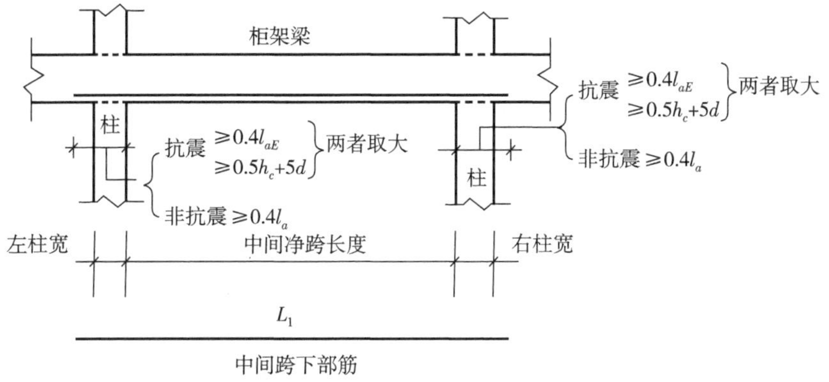

图 3-20 ⑦号筋

（7）边跨和中间跨之间搭接架立筋。架立筋与边净跨长度、左或右净跨长度以及搭接长度的关系，如图 3-21 所示。

边跨搭接架立筋和两根筋搭接：一端是和边跨上部一排直角筋的水平端搭接；另一端是和中间支座上部一排直筋搭接。搭接长度有规定，结构为抗震时，有贯通筋时为 150 mm，无贯通筋按 1.2 l_{aE} 取值；结构为非抗震时，搭接长度为 150 mm。那么，架立筋的下料长度按下式计算：

架立筋的下料长度=边净跨长度 － 边净跨长度/3 － 边、左或右净跨长度中取较大值/3+2×搭接长度

（8）角部附加筋。角部附加筋是在顶层屋面梁与边角柱的节点处，所以加工弯曲半径 $R=6d$，如图 3-22 所示。

（9）其他。侧面纵向抗扭钢筋的加工、下料尺寸，计算方法同上部贯通筋。梁侧面纵向构造钢筋，搭接和锚固长度取 15d。

（10）箍筋。设框架梁的截面高为 H、宽为 B，保护层厚度为 a，箍筋的直径为 d，则末端弯钩为 135°的箍筋下料长度计算选择下面的公式进行：

对于箍筋直径 $d\geqslant 8$ mm，箍筋的下料长度 = $2H+2B-8a+28.27d$；

对于箍筋直径 $d<8$ mm，箍筋的下料长度 = $2H+2B-8a+8.272d+150$。

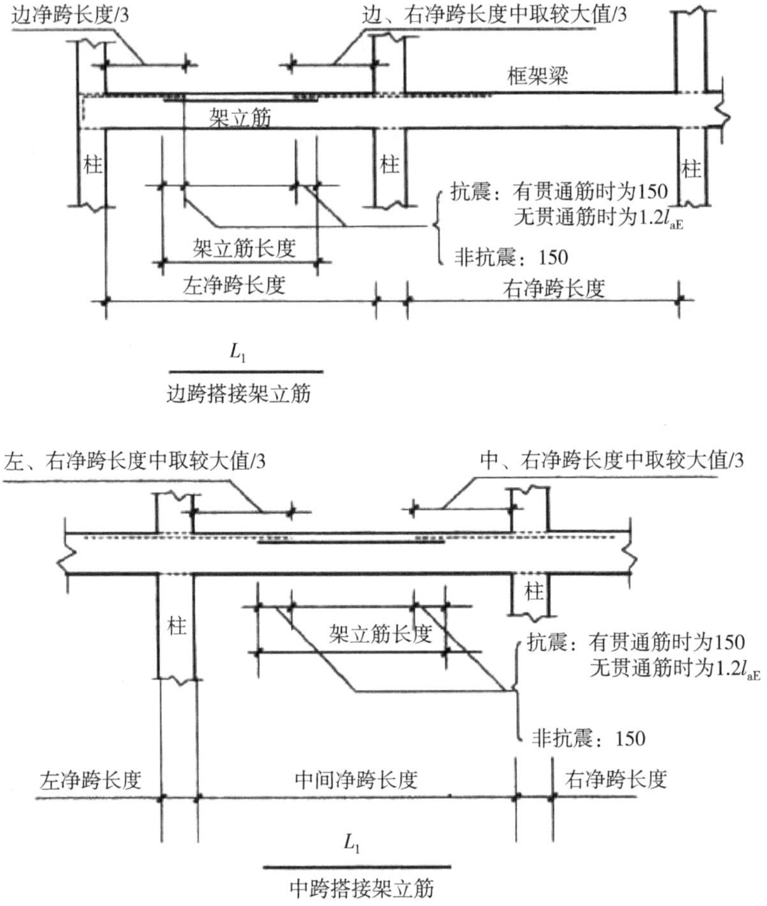

图 3-21　架立筋搭接示意

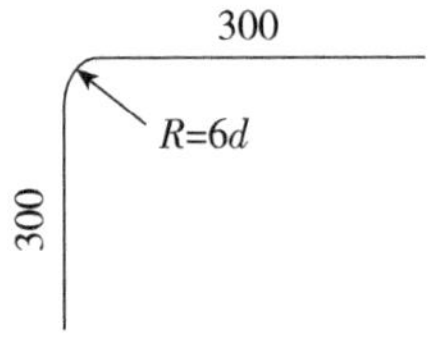

图 3-22　角部附加筋弯曲半径

二、梁钢筋施工工艺

（一）模内绑扎

1. 工艺流程

模内绑扎工艺流程：放主、次梁箍筋位置线—放主、次梁箍筋—穿主梁底层纵向钢筋及弯起钢筋—穿次梁底层纵向钢筋并与箍筋固定—放主梁上层纵向架立钢筋—按箍筋间距绑扎—穿次梁上层纵向架立钢筋—按箍筋间距绑扎—垫混凝土垫块。

2. 操作要点

（1）放主、次梁箍筋位置线。按设计图样的要求，用粉笔或墨线在梁侧板上画出箍筋位置线。

（2）按画好的箍筋位置线摆放箍筋。

（3）穿主梁下层纵向钢筋及弯起钢筋，将箍筋按已经画好的位置逐个分开。

（4）穿次梁下层纵向钢筋及弯起钢筋，并套好次梁箍筋。

（5）放主、次梁上部架立筋，按画好的间距将架立钢筋与箍筋绑扎牢。

（6）绑主钢筋，主次梁同时配合进行。这里需要明确一般的混凝土主、次梁的受力次序是：次梁压在主梁之上，所以主梁的纵向钢筋在最下面，施工操作时，要先放好主梁钢筋。开始绑扎前要再次检查钢筋有无错、漏现象，无误后再开始绑扎，避免返工。

（7）按箍筋间距绑扎。梁上部纵向钢筋与箍筋的绑扎，宜采用套扣法绑扎。相邻扣的方向应相互绑扎成八字形。

箍筋在叠合处的弯钩，在梁中应交错绑扎，其弯钩也为 135°，平直部分的长度为 $10d$，若做成封闭箍筋，则单面焊缝长度为 $5d$。

（8）垫垫块。主、次梁受力筋下面均应垫混凝土垫块，垫块尺寸为 50 mm×50 mm，要保证混凝土保护层的厚度。当受力钢筋为双排时，可以用短钢筋垫在两层钢筋之间，以方便绑扎。

梁钢筋搭接要符合设计和规范关于接头的要求。在进行配料时就要考虑周全，绑扎时更要随时注意。

（二）模外绑扎

模外绑扎工艺流程：放主、次梁箍筋位置线—在主、次梁模板上口铺横杆数根—在横杆上面放箍筋—穿主梁底层纵向钢筋及弯起钢筋—穿次梁底层纵向钢筋—穿主梁上层纵向架立钢筋—按主梁箍筋间距绑扎—穿次梁上层钢筋—按主梁箍筋间距绑扎—按次序抽出横杆将骨架落入模板内—垫混凝土垫块。

有一些混凝土梁较高，钢筋绑扎不便，这时，可以先把钢筋骨架用横杆架在梁的模板上口分段。①

第三节　梁模板主要安装技术分析研究

梁模板主要由侧板、底板、夹木、托木、梁箍、支撑等组成。侧板用厚18 mm的木夹板条（裁割），底板用厚18 mm的木夹长条板，均加木档拼制，或用整块板。在梁板下每隔一定间距用顶撑支设。夹木用松木板设在梁模两侧板下方，将梁侧板与底板夹紧，并钉牢在支柱顶撑上。次梁模板还应根据支设楼板模板的搁栅的标高，在两侧板外面钉上托木（横档）。在主梁与次梁交接处应在主梁侧板上留窗口，并钉上衬口档，次梁的侧板和底板钉在衬口档上。

支承梁模的顶撑又称琵琶撑、支柱，其立柱直径为120 mm的原木。帽木用断面（50~100）mm×100 mm的圆木，长度根据梁高决定。为了确保梁模支设得坚实，应在楼地面上立柱底垫厚度不小于20 mm、宽度不小于200 mm的通长垫板，用木楔调整标高。

顶撑的间距要根据梁的断面大小而定，梁高≤700 mm，间距为800 mm；梁高>700 mm，间距为500 mm。

当梁的高度500 mm$<h<$700 mm时，应在侧板外面另加斜撑，斜撑上端钉在托木上，下端钉在顶撑的帽木上，独立梁的侧板上口用搭头木互相卡住。

当梁高在700 mm以上时，其混凝土侧压力随梁高的增大而加大，单用斜撑及夹条用圆钉钉住，不易撑牢。因此，在梁的中部用铁丝穿过横档对

① 穆丹丹，祝冰青，李伟珍．钢筋混凝土结构工程施工［M］．天津：天津大学出版社，2017.

拉，或用螺栓将两侧模板拉紧（对拉螺栓），防止模板下口向外爆裂及中部鼓胀。其他按一般梁支模方法进行。为了方便深梁的绑扎，在梁底模与一侧模板撑好后绑扎梁的钢筋，后装另一侧模板。更深的梁模板，可参照混凝土墙模板进行侧模的安装，对拉螺栓或对拉铁丝均在钢筋入模后安装。

次梁模板的安装，要待主梁的模板安装并校正后才能进行。梁模板安装后，要拉中线进行检查，复核各梁模中心位置是否对正。待平板模板安装后，检查并调整标高，将木板钉牢在垫板上。各顶撑之间要设水平撑或剪刀撑，以保持顶撑的稳固。

当梁的跨度在 4 m 或 4 m 以上时，在梁模的跨中要起拱，起拱高度为梁跨度的 2%~3%。

第四节　梁混凝土的浇筑技术分析研究

一、梁混凝土施工准备

（一）材料及主要机具

（1）水泥。

a. 水泥拟选用 32. 5 号以上的普通硅酸盐水泥。

b. 水泥进场时，应有出厂合格证或试验报告，并要核对其品种、标号、出厂日期。使用前若发现受潮或过期，应重新取样试验。

c. 水泥质量证明书中各项品质指标应符合标准中的规定。品质指标包括氧化镁含量、三氧化硫含量、烧失量、细度、凝结时间、安定性、抗压和抗折强度。

d. 混凝土的最大水泥用量不宜大于 500 kg/m^3。

（2）砂。

a. 砂拟优先选用优质河砂，严禁采用含氯量大的海砂。

b. 对于泵送混凝土，砂子宜用中砂，砂率宜控制在 40%~50%。

c. 砂的含泥量（按重量计），当混凝土强度等级高于或等于 C30 时，不大于 3%；低于 C30 时，不大于 5%；对有抗渗、抗冻或其他特殊要求的混凝土用砂，其含泥量不应大于 3%；对 C10 或 Cl0 以下的混凝土用砂，其含泥量可酌情放宽。

(3) 石子。

a. 宜选用花岗岩碎石。

b. 石子最大粒径不得大于结构截面尺寸的1/4，同时不得大于钢筋间最小净距的3/4。混凝土实板骨料的最大粒径不宜超过板厚的1/2，且不得超过50 mm。对于泵送混凝土，碎石最大粒径与输送管内径之比，宜小于或等于1∶3，卵石宜小于或等于1∶2.5。

c. 石子的含泥量（按重量计），对等于或高于C30的混凝土，不大于1%；低于C30时，不大于2%；对有抗冻、抗渗或其他特殊要求的混凝土，石子的含泥量不大于1%；对C10或C10以下的混凝土，石子的含泥量可酌情放宽。

d. 石子中针、片状颗粒的含量（按重量计），当混凝土等级高于或等于C30时，不大于15%；低于C30时，不大于25%；对C10或C10以下的混凝土，可以放宽到40%。

(4) 水。符合国家标准的生活饮用水可拌制各种混凝土，无须再进行检验。

(5) 外加剂。减水剂、早强剂、缓凝减水剂等应符合有关标准的规定，其掺量须经试验符合要求后，方可使用。

(6) 主要机具。混凝土搅拌机、磅秤（或自动计量设备）、双轮手推车、小翻斗车、尖锹、平锹、混凝土吊斗、插入式振动器、平板式振动器、木抹子、长抹子、铁板、胶皮水管、串桶、塔式起重机等。

(二) 作业条件的内容

(1) 墙柱部位。

a. 核实墙内预埋件、预留孔洞、水电预埋管线、盒（槽）的位置、数量及固定情况。

b. 检查模板下口、洞口及角模拼缝处是否严密，边角柱加固是否可靠，各种连接件是否牢固。

c. 检查并清理模板内残留杂物，用水冲净，常温下用水湿润模板。

(2) 商品混凝土搅拌站的要求。

a. 项目部已对搅拌站下达任务单，下达任务单时，必须包括工程名称、地点、部位、数量，对混凝土的各项技术要求（强度等级、抗渗等级、缓凝及特种要求）、现场施工方法、生产效率（或工期）、交接班、搭接要求以及供需双方协调内容，连同施工配合比通知单一起下达。

b. 搅拌站设备试运转正常，混凝土运输车辆数量满足要求。

c. 搅拌站材料供应充足，特别是指定的水泥品种有足够的储备量或后续供应有保证。

d. 搅拌站全部材料包括水泥、砂、石子、粉煤灰及外加剂等经检验合格，符合使用要求。

e. 搅拌站、浇捣现场和运输车辆之间有可靠的通信联系手段。

（3）对所有机具包括混凝土输送泵、振动器（棒）经检验试运转正常，并准备一旦出现故障的应急措施，保证人力、物力、材料均能满足浇筑速度的要求。现场混凝土试块养护池和试块试模准备就绪。

（4）工长根据施工方案对操作班组已进行全面施工技术交底，落实浇筑方案。每个施工人员对浇筑的起点及浇筑的进展方向都做到心中有数，混凝土浇灌令已被批准。

（5）注意天气预报，不宜在雨天浇筑混凝土。在天气多变季节施工，为防不测，应有足够的抽水设备和防雨物资。

（6）对于大体积混凝土、结构混凝土的浇筑，要制定测温监控措施以及防止混凝土硬化过程中因水化热过高、内外温差过大而引起的体积变形产生收缩裂缝的有效措施，并编制详细的技术方案，指导施工。

二、主要操作工艺分析

（1）工艺流程。采用现场搅拌混凝土浇筑工艺：

图 3-23　混凝土浇筑流程图

采用商品混凝土浇筑工艺：

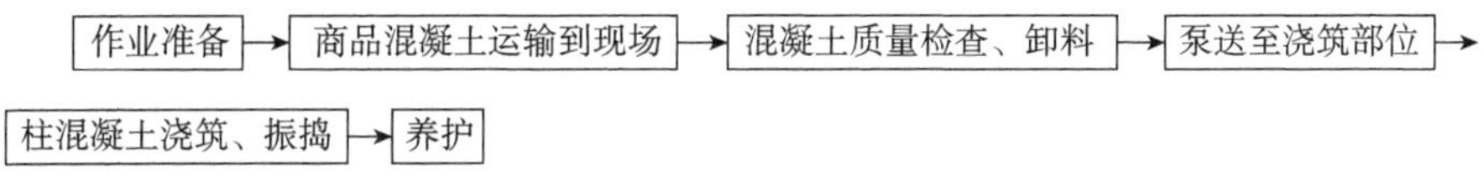

图 3-24　商品混凝土建筑流程图

（2）作业准备。浇筑前应将模板内的垃圾、泥土等杂物及钢筋上的油污清除干净，并检查钢筋的水泥垫块是否垫好。在使用木模板时应浇水使模板湿润，柱子模板的清扫口应在清除杂物后再封闭。

（3）混凝土现场搅拌。自拌混凝土用于防止商品混凝土暂时供应不上的应急措施和零星混凝土的现场拌制，原材料和配合比应与商品混凝土的保持一致。

①根据配合比确定的每盘（槽）各种材料用量及车辆重量，分别固定好水泥、砂、石各个磅秤标准。在上料时车车过磅，骨料含水率应经常测定，及时调整配合比用水量，确保加水量准确。

②装料顺序：一般先装石子，再装水泥，最后装砂子。如需加掺合料，应与水泥一并加入。需掺外加剂（减水剂、早强剂等）时，粉状应根据每盘加入量预加工装入小包装袋内（塑料袋为宜），用时与粗细骨料同时加入；液状应按每盘用量与水同时加入搅拌机搅拌。

③搅拌时间：混凝土搅拌的最短时间根据施工规范要求确定，可按表3-3采用。掺有外加剂时，搅拌时间应适当延长。

表 3-3　混凝土搅拌的最短时间

混凝土坍落度/cm	搅拌机机型	搅拌机出料量		
		<250 L	250~500 L	>500 L
≤3	自落式	90 s	120 s	150 s
	强制式	60 s	90 s	120 s
>3	自落式	90 s	90 s	120 s
	强制式	60 s	60 s	90 s

④混凝土开始搅拌时，由施工单位主管技术部门、工长组织有关人员对出盘混凝土的坍落度与和易性等进行鉴定，检查是否符合配合比通知单要求，经调整后再进行搅拌。

⑤混凝土运输。

a. 混凝土在现场的运输工具有手推车、吊斗、高压泵等。

b. 混凝土自搅拌机中卸出后，应及时运到浇筑地点，延续时间不能超过初凝时间。在运输过程中，要防止混凝土离析、水泥浆流失、坍落度变化以及产生初凝等现象。如混凝土运到浇筑地点有离析现象，则必须在浇灌前进行二次拌合。混凝土从搅拌机中卸出后至浇筑完毕的延续时间应符合表3-4

的规定。

表 3-4　混凝土从搅拌机卸出至浇筑完毕的时间

混凝土强度等级	气温/℃	
	低于 25	高于 25
<C30	120 min	90 min
>C30	90 min	60 min

注：掺有外加剂或采用快硬水泥拌制混凝土时，应按试验确定。

c. 混凝土运输道路应平整顺畅，若有凹凸不平，应铺垫桥枋。在楼板施工时，更应铺设专用桥道，严禁手推车和人员踩踏钢筋。

（4）对商品混凝土的质量检查要求。

①泵送混凝土，每个工作班供应超过 100 m^2 的工程，应派出质量检查员统计驻场。

②混凝土搅拌车出站前，每部车都必须经质量检查员检查，和易性合格才能签证放行。坍落度抽检每车一次，混凝土整车容重检查每一配合比每天不小于一次。

③现场取样时，应以搅拌车卸料 1/4 后至 3/4 前的混凝土为代表。混凝土取样、试件制作、养护，均由供需双方共同签证认可。

④搅拌车卸料前不得出现离析和初凝现象。

（5）泵送混凝土施工。

①泵送混凝土前，先把储料斗内清水从管道泵出，达到湿润和清洁管道的目的，然后向料斗内加入与混凝土配合比相同的水泥砂浆（或 1∶2 水泥砂浆），润滑管道后即可开始泵送混凝土。

②开始泵送时，泵送速度宜放慢，油压变化应在允许值范围内，待泵送顺利时，才用正常速度进行泵送。

③泵送期间，料斗内的混凝土量应保持不低于缸筒口上 10 mm 到料斗口下 150 mm 之间为宜。避免吸入效率低，容易吸入空气而造成塞管，太多则反抽时会溢出并加大搅拌轴负荷。

④混凝土泵送宜连续作业，当混凝土供应不及时，需降低泵送速度，泵送暂时中断时，搅拌不应停止。当叶片被卡死时，需反转排队，再正转、反转一定时间，待正转顺利后方可继续泵送。

⑤泵送中途若停歇时间超过 20 min，管道又较长时，应每隔 5 min 开泵一次，泵送少量混凝土；管道较短时，可采用每隔 5 min 正反转 2 个或 3 个行程，使管内混凝土蠕动，防止泌水离析。长时间停泵（超过 45 min）气温高、混凝土坍落度小时可能造成塞管，宜将混凝土从泵和输送管中清除。

⑥泵送先远后近，在浇筑中逐渐拆管。

⑦在高温季节泵送，宜用湿草袋覆盖管道进行降温，以降低入模温度。

⑧泵送管道的水平换算距离总和应小于设备的最大泵送距离。

（6）混凝土浇筑的一般要求。

①平板振动器的移动间距应能保证振动器的平板覆盖已振实部分边缘。

②浇筑混凝土应连续进行。如必须间歇，时间应尽量缩短，并应在前层混凝土初凝之前，将次层混凝土浇筑完毕。间歇的最长时间应按所有水泥品种及混凝土初凝条件确定，一般超过 2 h 应按施工缝处理。

③浇筑混凝土时应派专人经常观察模板钢筋、预留孔洞、预埋件、插筋等有无位移变形或堵塞情况，发现问题应立即停止浇灌并应在已浇筑的混凝土初凝前修整完毕。①

---

① 穆丹丹，祝冰青，李伟珍．钢筋混凝土结构工程施工［M］．天津：天津大学出版社，2017.

第四章　钢筋混凝土板施工技术分析研究

在建筑实践中，采用现浇混凝土板技术，可以有效控制建筑物的自重，现浇混凝土板具有很好的隔声效果，可以有效控制施工周期，降低整体造价，经济效益和社会效益非常明显。所以，现浇混凝土板技术被广泛用于建筑项目的建设中。

第一节　板施工图的识读过程分析

一、板的概述

板包括楼面板和屋面板，是房屋结构中重要的水平承重构件，它把载荷传递到梁或墙上。当为无梁楼盖时，板载荷直接传递到柱上。当板的位置（与梁、墙的关系）不同时，由于受力不同，配筋构造不同，就会有各种情况的板。板的分类，如表 4-1 所示。

表 4-1　板的分类

分类依据	板的名称	特点
板的受力方式	单向板	短跨方向布置主筋，长跨方向布置分布筋
	双向板	两个互相垂直的方向都布置主筋
板的配筋方式	单层布筋板	板下部布置贯通筋，板上部周边布置支座负筋
	双层布筋板	板的上部和下部均布置贯通纵筋
板的位置	楼面板	各楼层面板
	屋面板	屋顶面板
	悬挑板	悬挑板上部钢筋从板跨一直贯通到悬挑板端部
		悬挑板上部钢筋锚固到根部梁内

二、有梁楼盖平法施工图

有梁楼盖平法施工图，是在楼面板和屋面板布置图上，采用平面注写的表达方式，如图 4-1 所示。板平面注写主要包括板块集中标注和板支座原位标注。

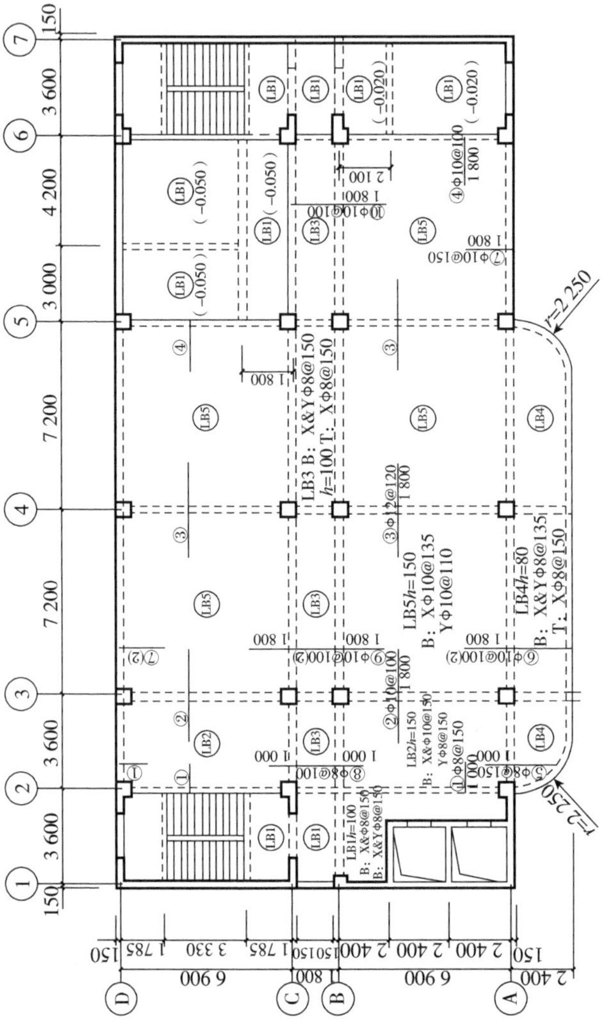

层号	标高/m	层高/m
屋面2	65.670	
塔层2	62.370	3.30
屋面1(塔层1)	59.070	3.30
16	55.470	3.60
15	51.870	3.60
14	48.270	3.60
13	44.670	3.60
12	41.070	3.60
11	37.470	3.60
10	33.870	3.60
9	30.270	3.60
8	26.670	3.60
7	23.070	3.60
6	19.470	3.60
5	15.870	3.60
4	12.270	3.60
3	8.670	3.60
2	4.470	4.20
1	-0.030	4.50
-1	-4.530	4.50
-2	-9.030	4.50

结构层楼面标高
结构层高

图 4-1　有梁楼盖平法施工图

为了方便设计表达和施工识图，规定结构平面的坐标方向：当两向轴网正交布置时，图面从左至右为 X 向，从下至上为 Y 向；当轴网转折时，顺轴网转折角度做相应转折；当轴网向心布置时，切向为 X 向，径向为 Y 向。

（一）板块集中标注

板块集中标注的内容为板块编号、板厚、上部贯通纵筋、下部纵筋，以及当板面标高不同时的标高高差。对于普通楼面，两向均以一跨为一板块；对于密肋楼盖，两向主梁（框架梁）均以一跨为一板块（非主梁密肋不计）。所有板块应逐一编号，相同编号的板块可择其一做集中标注，其他仅注写置于圆圈内的板编号，以及当板面标高不同时的标高高差。

板块编号，如表 4-2 所示。

表 4-2　板块编号

板类型	代号	序号
楼面板	LB	××
屋面板	WB	××
悬挑板	XB	××

板厚注写为 h=×××（为垂直于板的厚度）：当悬挑板的端部改变截面厚度时，用斜线分隔根部与端部的高度值，注写为 h=×××/×××；当设计已在图注中统一注明板厚时，此项可不注。

纵筋按板块的下部纵筋和上部贯通纵筋分别注写（当板块上部不设贯通纵筋时则不注），并以 B 代表下部纵筋，以 T 代表上部贯通纵筋，B&T 代表下部与上部；X 向纵筋以 X 打头，Y 向纵筋以 Y 打头，两向纵筋配置相同时则以 X&Y 打头。

当为单向板时，分布筋可不必注写，而在图中统一注明。

当在某些板内（如在悬挑板 XB 的下部）配置有构造钢筋时，则 X 向以 Xc，Y 向以 Yc 打头注写。

当 Y 向采用放射配筋时（切向为 X 向，径向为 Y 向），设计者应注明配筋间距的定位尺寸。

当纵筋采用两种规格钢筋“隔一布一”方式时，表达为 $\phi xx/yy$@×××，表示直径为 xx 的钢筋和直径为 yy 的钢筋两者之间间距为×××，直径 xx

的钢筋的间距为×××的 2 倍，直径 *yy* 的钢筋的间距为×××的 2 倍。

板面标高高差，是指相对于结构层楼面标高的高差，应将其注写在括号内，且有高差则注，无高差不注。

（二）板支座原位标注

板支座原位标注的内容：板支座上部非贯通纵筋和悬挑板上部受力钢筋。

板支座原位标注的钢筋应在配置相同跨的第一跨表示（当在梁悬挑部位单独配置时则在原位表达）。在配置相同跨的第一跨（或梁悬挑部位），垂直于板支座（梁或墙）绘制一段适宜长度的中粗线（当该通长筋设置在悬挑板或短跨板上部时，实线段应画至对边或贯通短跨），以该线段代表支座上部非贯通纵筋，并在线段上方注写钢筋符号（如①、②等）、配筋值、横向连续布置的跨数（注写在括号内，且当为一跨时可不注），以及是否横向布置到梁的悬挑端。①

三、板的传统施工图分析

（一）板块底筋表示

板块底筋以板筋线图例绘制，绘制范围即布置区域，绘制方向即布置方向。板筋图例通常情况为板筋线图例末端做 180°弯钩（一般是 HPB300 级钢筋的表示方式）和板筋线图例末端做 135°或不做弯钩（一般是 HRB335、HRB400 级钢筋的表示方式）。

（二）板块负筋表示

板块负筋以板筋线图例绘制，绘制范围即布置区域，绘制方向即布置方向。板筋图例通常情况为板筋线图例末端做 90°弯钩。

（三）板块支座钢筋表示

板块底筋以板筋线图例绘制，一般是以沿梁或墙为支座的延线绘制，一般情况按梁或墙的端点区域为布筋范围。板筋图例通常情况为板筋线图例末端做 90°弯钩。

（四）板的平法标注和传统标注比较

板的平法标注，如图 4-2 所示。板的传统标注，如图 4-3 所示。

① 苏晓华，白东丽，刘宇．钢筋混凝土工程施工［M］．北京：北京理工大学出版社，2020.

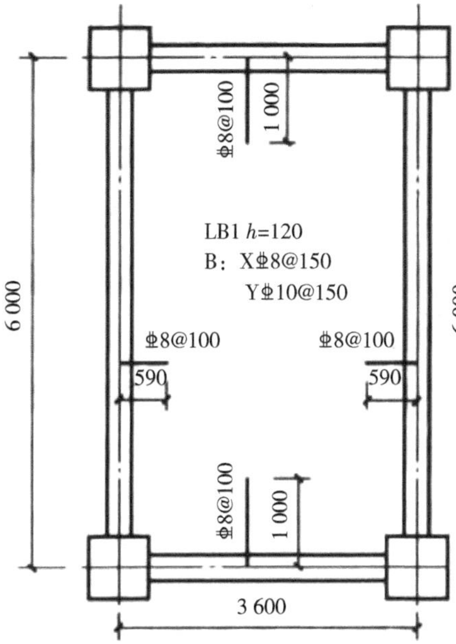

图 4-2 板的平法标注

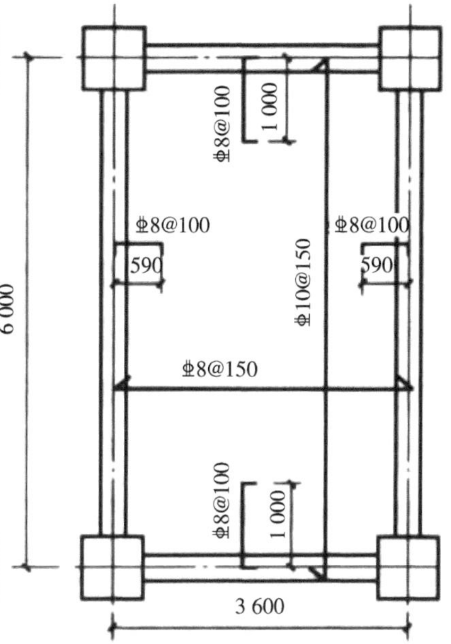

图 4-3 板的传统标注

建筑界推广应用“平法”已有 20 多年，目前从很多地方的设计院出图的情况来看，柱、梁、剪力墙的构件已普遍用“平法”表示，但是板构件很多地方还是喜欢用传统方式表示，而构造方面则要求满足 16G101 图集的构造要求。

第二节 板钢筋的加工与绑扎技术分析

一、楼板钢筋的主要构造

(一) 板内钢筋类型

板内钢筋类型，如图 4-4 所示。

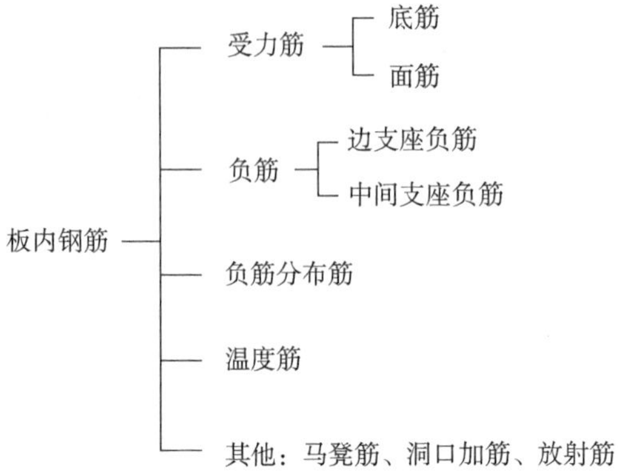

图 4-4　板内钢筋类型

（二）楼板端部钢筋构造

（1）当端部支座为梁时，构造要求如图 4-5（a）所示，板下部贯通纵筋在端部支座的直锚长度≥5d 且至少到梁中线；板上部贯通纵筋伸到支座梁外侧角筋的内侧，然后弯钩长度为 15d；当端支座梁的截面宽度较宽，板上部贯通纵筋的直锚长度≥ l_a 时可直锚；板上部非贯通纵筋在支座内的锚固与板上部贯通纵筋相同，只是板上部非贯通纵筋伸入板内的伸出长度见具体设计。

（2）当板的端部支座为剪力墙时，构造要求如图 4-5（b）所示，板下部贯通纵筋在端部支座的直锚长度≥5d 且至少到墙中线；板上部贯通纵筋伸到墙身外侧水平分布筋的内侧，然后弯钩长度为 15d。

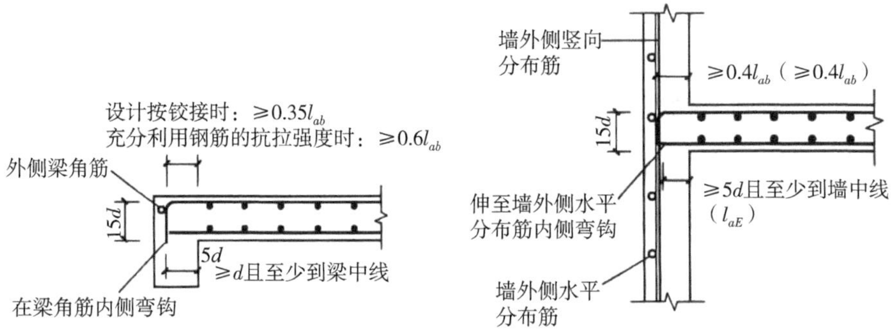

（a）　　　　　　　　（b）

图 4-5　板在端部支座的锚固构造

（三）楼板中间支座钢筋构造

板的中间支座均按梁绘制，如图 4-6 所示。

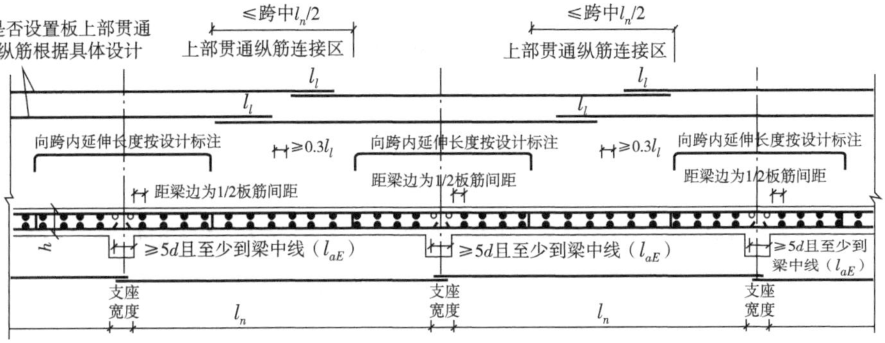

图 4-6　有梁楼盖楼面板 LB 和屋面板 WB 钢筋构造

1. 板下部纵筋

与支座垂直的贯通纵筋：伸入支座 5*d* 且至少到梁中线；与支座平行的贯通纵筋：第一根钢筋在距梁边为 1/2 板筋间距处开始设置。

2. 板上部纵筋

（1）贯通纵筋：与支座垂直的贯通纵筋应贯通跨越中间支座；与支座平行的贯通纵筋的第一根钢筋在距梁边为 1/2 板筋间距处开始设置。

（2）非贯通筋（负筋）：非贯通筋（与支座垂直）向跨内延伸长度详见具体设计。

（3）非贯通筋的分布筋（与支座平行）构造，如图 4-7 所示，从支座边缘算起，第一根分布筋从 1/2 分布筋间距处开始设置；在负筋拐角处必须布

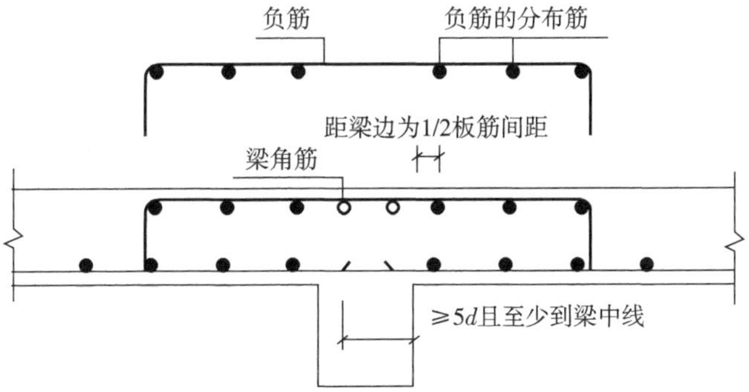

图 4-7　中间支座上部非贯通筋构造

置一根分布筋；在负筋的直段范围内按分布筋间距进行布置。板分布筋的直径和间距一般在结构施工图的说明中给出。

（四）楼板钢筋连接、搭接构造

（1）板上部贯通纵筋连接。上部贯通纵筋连接区在跨中净跨的 1/2 跨度范围之内（跨中 $l_n/2$）。当相邻等跨或不等跨的上部贯通纵筋配置不同时，应将配置较大者越过其标注的跨数终点或起点延伸至相邻跨的跨中连接区域连接。

（2）负筋分布筋搭接构造，如图 4-8 所示。在楼板角部矩形区域，纵横两个方向的负筋相互交叉，已形成钢筋网，所以这个角部矩形区域不应该再设置分布筋，否则，4 层钢筋交叉重叠在一块，混凝土不能包裹住钢筋。负筋分布筋伸进角部矩形区域 150 mm。分布筋并非一点都不受力，所以 HPB300 级钢筋做分布筋时，钢筋端部需要加 180°的弯钩。

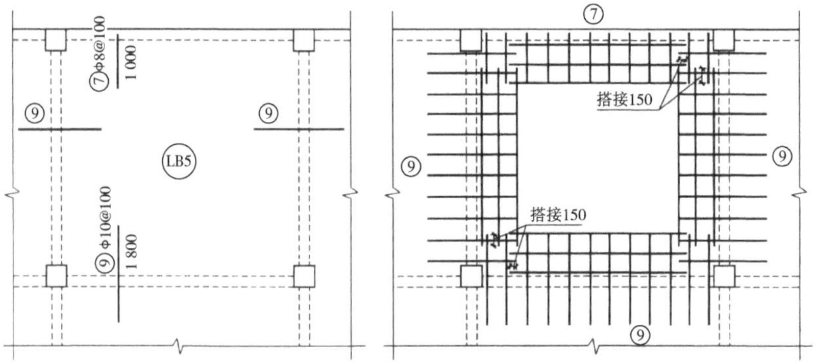

图 4-8　负筋分布筋的搭接构造

注：未注明分布筋为 ϕ8@ 250。

（五）悬挑板 XB 钢筋构造

悬挑板有两种：一种是延伸悬挑板，即楼面板（屋面板）的端部带悬挑，如挑檐板、阳台板等；另一种是纯悬挑板，即仅在梁的一侧带悬挑的板，常见的有雨篷板。

（1）延伸悬挑板钢筋构造，如图 4-9 所示。

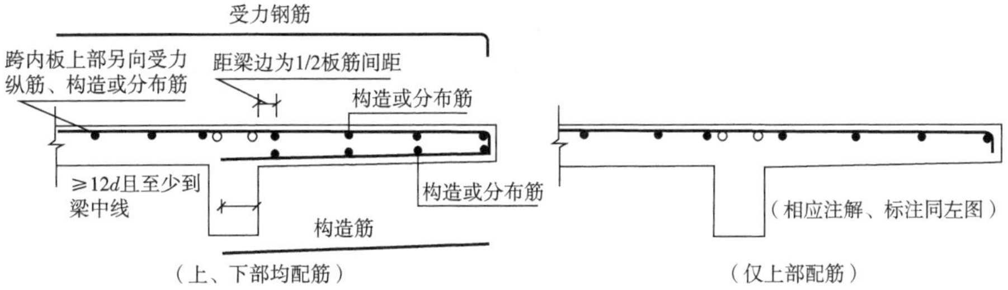

图 4-9 延伸悬挑板钢筋构造

延伸悬挑板上部纵筋的锚固构造如下：

①延伸悬挑板的上部纵筋与相邻跨板同向的顶部贯通纵筋或非贯通纵筋贯通。

②当跨内板的上部纵筋是顶部贯通纵筋时，把跨内板的顶部贯通纵筋一直延伸到悬挑板的末端，此时的延伸悬挑板上部纵筋的锚固长度容易满足。

③当跨内板的上部纵筋是顶部非贯通纵筋时，原先插入支座梁中的“负筋腿”没有了，而把负筋的水平段一直延伸到悬挑端的尽头。由于原先负筋的水平段长度也是足够长的，所以此时的延伸悬挑板上部纵筋的锚固长度也是足够的。

④平行于支座梁的悬挑板上部纵筋（构造或分布筋），从距梁边 1/2 板筋间距处开始设置。

延伸悬挑板如果有下部纵筋：

①延伸悬挑板的下部纵筋为直形钢筋（当为 HPB300 级钢筋时，钢筋端部应设 180°弯钩，弯钩平直段长度为 3d）。

②延伸悬挑板的下部纵筋在支座内的弯锚长度为 12d 且至少到梁中线。

③平行于支座梁的悬挑板下部纵筋（构造或分布筋），从距梁边 1/2 板筋间距处开始设置。

（2）纯悬挑板钢筋构造，如图 4-10 所示。

纯悬挑板上部纵筋的锚固构造如下：

①纯悬挑板上部纵筋伸至支座梁角筋的内侧，然后弯钩 15d；纯悬挑板上部纵筋伸入支座的水平段长≥0.6 l_{ab} 。

②延伸悬挑板和纯悬挑板如果有下部纵筋，其下部纵筋构造相同。

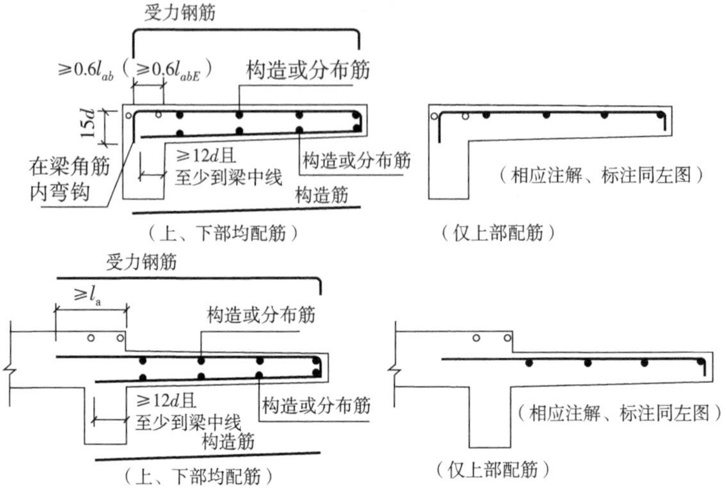

图 4-10　纯悬挑板钢筋构造

二、板钢筋计算公式说明

（一）板底部贯通筋计算公式

钢筋长度=板净跨+左、右支座内锚固长度+弯钩增加值（光圆钢筋）

式中，板净跨是指与钢筋平行的板净跨。

钢筋根数=[（板净跨-2×起步距离）/间距]+1=[（板净跨-间距）/间距]+1

式中，板净距是指与钢筋垂直的板净跨；第一根钢筋的起步距离按“距梁边板筋间距的1/2”考虑。

（二）板顶部贯通筋计算公式

板顶部贯通筋长度和根数的计算公式仍然用板底部贯通筋的计算公式，但是作为板顶部贯通筋，支座内的锚固构造不同其锚固长度也不同，计算时要注意。

（三）板支座负筋（非贯通筋）计算公式

中间支座负筋长度=平直段长+左弯折长+右弯折长

端支座负筋长度=平直段长+15*d*（端支座）+弯折长（板跨内）

板支座负筋根数应用下面式子进行计算：

钢筋根数=[(板净跨-2×起步距离)/间距]+1

=[(板净跨-间距)/间距]+1

(四) 板负筋的分布筋计算公式

单向板中一个方向配有受力钢筋，另一个方向必须配分布筋以形成钢筋网；支座负筋（非贯通筋）中与其垂直方向上也要配分布筋以形成钢筋网。分布筋一般不在图中画出，而是在说明中指出分布筋的规格、直径和间距。

支座负筋的分布筋与其平行的支座负筋搭接 150 mm，如图 4-8 右图所示。当采用光圆钢筋时，如果分布筋不做温度筋，其末端不做 180°弯钩。

负筋分布筋长度=板净跨-左侧负筋板内净长-右侧负筋板内净长+2×150

负筋分布筋根数=[(负筋板内净长-起步距离)/间距]+1=

[(负筋板内净长-间距/2)/间距]+1

(五) 温度筋

在温度、收缩应力较大的现浇板区域内，应在板的未配筋表面布置温度收缩钢筋，如图 4-11 所示。

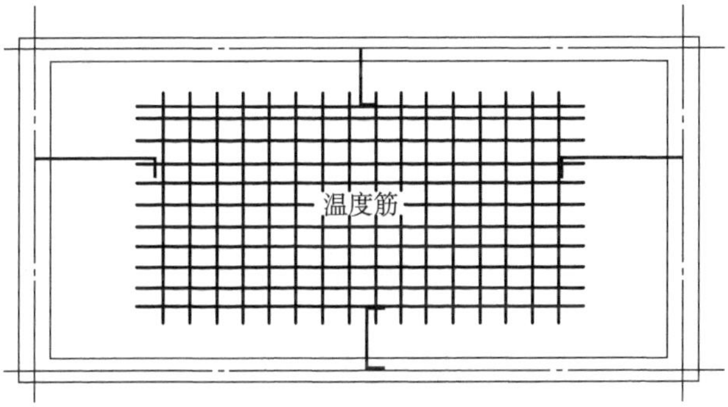

图 4-11　温度筋

长度=板净跨-左负筋板内净长-右负筋板内净长+150×2

根数=(板净跨-左负筋伸入板内的净长-右负筋伸入板内的净长)/间距-1

三、板钢筋的绑扎与安装

钢筋绑扎与安装是钢筋工程施工的最后一道工序，关系到钢筋的就位和骨架的整体受力状态，十分关键。

（一）施工准备

1. 材料要求

钢筋原材：应有供应商资格证书，钢筋出厂质量证明书，按规定做力学性能复试和见证取样试验。若加工过程中发生脆断等特殊情况，还需做化学成分检验。钢筋应无老锈及油污。成型钢筋：必须符合配料单的规格、型号、尺寸、形状、数量，并应进行标识。成型钢筋必须进行覆盖，防止雨淋生锈。铁丝可采用20~22号（火烧丝）或镀锌铁丝（铅丝）。铁丝切断长度要满足使用要求。

2. 机具准备

成型钢筋、钢筋钩子、撬棍、扳子、钢丝刷子、手推车、粉笔、尺子等。

3. 作业条件

（1）钢筋进场后，应检查是否有出厂材质证明、做完复试，并按施工平面图中指定的位置，按规格、使用部位、编号分别在料场墙墩上堆放。

（2）钢筋绑扎前，应检查有无锈蚀，除锈之后再运至绑扎部位。

（3）熟悉图纸，按设计要求检查已加工好的钢筋规格、形状、数量是否正确。做好抄平放线工作，弹好水平标高线。

（4）梁钢筋安装完毕，箍筋位置、间距及保护层厚度符合要求。①

（二）施工工艺

1. 钢筋绑扎操作方法

绑扎的方法根据各地习惯不同而各异，板钢筋最常用的是一面顺扣操作法。

一面顺扣操作法的步骤是先将已切断的小股扎丝在中间弯折180°，以左手方便握住为宜。在绑扎时，右手抽出一根扎丝，将弯折处扳弯90°后，左手将弯折部分穿过钢筋扎点的底部，手拿扎丝钩钩住扎丝扣，食指压在钩前部，紧靠扎丝开口端，顺时针旋转2~3圈，即完成绑扎。

采用一面顺扣法绑扎钢筋网、架时，每个扎点的丝扣不能顺着一个方向，应交叉进行。

2. 施工流程

清理模板→在模板上画间距线→绑板下层钢筋→管线施工→放马凳、绑

① 苏晓华，白东丽，刘宇．钢筋混凝土工程施工［M］．北京：北京理工大学出版社，2020.

板上层钢筋→放置垫块→检查验收。

3. 施工要点

（1）钢筋可分段绑扎成型或整片绑扎成型，绑扎前应修整模板，将模板上垃圾杂物清扫干净，用墨斗弹出横竖向钢筋的位置线。

（2）板下层钢筋，先铺短向钢筋，再铺长向钢筋，预埋件、电线管、预留孔等及时配合安装并固定；然后再安装板上层钢筋，先铺长向钢筋，再铺短向钢筋，与长向钢筋绑扎牢固。

（3）板的钢筋网，除靠近外围两行钢筋的交叉点全部扎牢外，中间部分交叉点可间隔交错绑扎，但必须保证受力钢筋不产生位置偏移；双向受力钢筋必须全部绑扎牢固。

（4）板、次梁与主梁交叉处，板的钢筋在上，次梁钢筋居中，主梁钢筋在下；当有圈梁、垫梁时，主梁钢筋在上。

（5）应特别注意板上部的负筋，一是要保证其绑扎位置准确；二是要防止施工人员的踩踏，尤其是雨篷、挑檐、阳台等悬臂板，防止其拆模后断裂垮塌。

（6）混凝土保护层垫块可用混凝土垫块或定型垫块，垫块厚度符合设计要求，按 0.6~1m 间距均匀布置。

（7）板采用双层钢筋网时，在上层钢筋网下面应设置钢筋撑脚，以保证钢筋位置正确，钢筋撑脚下部应焊在下层钢筋网上，间距以能保证钢筋位置为准，如图 4-12 所示。

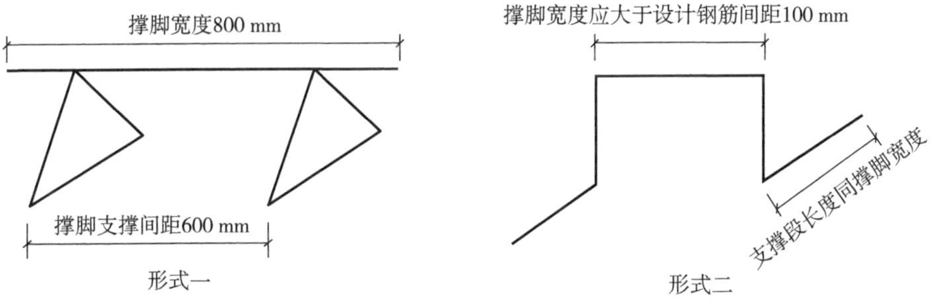

图 4-12　钢筋撑脚形式

（8）梁板钢筋绑扎时，应防止水电管线将钢筋抬起或压下。

（三）质量检查

（1）钢筋品种和质量必须符合设计和有关标准规定，钢筋表面应保持清洁无油污。

（2）钢筋规格、形状、尺寸、数量、锚固长度、搭接长度、接头位置，必须符合设计要求和施工规范的要求。

（3）无缺扣、松扣、漏扣现象。

（4）钢筋安装偏差及检验方法应符合《混凝土结构工程施工质量验收规范》（GB 50204—2015）的规定，梁板类构件上部受力钢筋保护层厚度的合格点率应达到90%。

检查数量：在同一检验批内，对板，应按有代表性的自然间抽查10%，且不应少于3间；对大空间结构，板可按纵、横轴线划分检查面，抽查10%，且均不应少于3面。

（四）成品保护

（1）钢筋绑扎完毕后，严禁践踏。

（2）绑扎钢筋时禁止碰动预埋件及洞口模板。

（3）严禁随意隔断钢筋，木工和水电工的所有预埋件包括接地引线不得和设计的钢筋直接进行焊接。

（4）板钢筋绑扎在梁钢筋安装完毕后进行，绑扎时禁止移动梁钢筋，如有移位，及时恢复到原位置。

第三节　楼板模型的构造与安装技术分析

一、模板支架的搭设技术

（一）模板支撑体系分析

1. 基本术语、概念

模板系统由模板板块和支撑体系两大部分组成。

模板板块是由面板、次肋、主肋等组成的。面板是直接接触新浇混凝土的承力板，面板的种类有很多，可以选用钢、木、胶合板、塑料板等其他形式。小梁是直接支承面板的小型楞梁，又称次楞或次梁。在小梁的下方是主梁，它直接支承小梁，又称主楞。一般采用钢、木梁或钢桁架。

（1）模板支撑体系：为浇筑混凝土构件或安装钢结构等安装的模板主、次楞以下的承力结构体系。

（2）底座：设于立杆底部的垫座，包括固定底座、可调底座。

（3）可调托撑：插入立杆钢管顶部，可调节高度的顶撑。

（4）水平杆：脚手架中的水平杆件，也称横杆。

（5）扫地杆：贴近楼（地）面，连接立杆根部的纵、横向水平杆件；包括纵向扫地杆、横向扫地杆。

（6）连墙件：将脚手架架体与建筑物主体构件连接，能够传递拉力和压力的构件。

（7）剪刀撑：在脚手架竖向或水平向成对设置的交叉斜杆。

（8）步距：上、下水平杆轴线间的距离。

（9）立杆纵（跨）距：脚手架纵向相邻立杆之间的轴线距离。

（10）立杆横距：脚手架横向相邻立杆之间的距离。

2. 常见的模板支撑体系

（1）扣件式钢管支撑体系，如图4-13所示。扣件式钢管支撑体系已在工程中使用多年，立杆与横杆采用扣件连接，立杆采用一字扣件连接，龙骨多为100 mm×100 mm木方，搭拆过程中需要拆装扣件，搭拆速度慢，连接扣件与钢管分开，扣件丢损率高。

图 4-13　扣件式钢管支撑体系

（2）碗扣式钢管支撑体系，如图4-14所示。碗扣式支架是由铁道部专业设计院研究设计，1984年通过部级鉴定，是多年来建筑行业使用较为广泛的一种支撑架系统。碗扣式支架采用了带齿碗扣接头，不仅拼拆迅速省力，而且结构简单，受力稳定可靠，避免了螺栓作业，不易丢失零散配件，使用安全、方便。

碗扣架为工具式脚手架，对工人技术要求不高，减少了人为因素对搭设质量的影响；但受产品模数的限制，其通用性差，配件易损坏且不便修理。并且市场的碗口架缺乏配套斜杆等专用配件，大多需要与钢管扣件架组合使用，降低了其实际承载力。

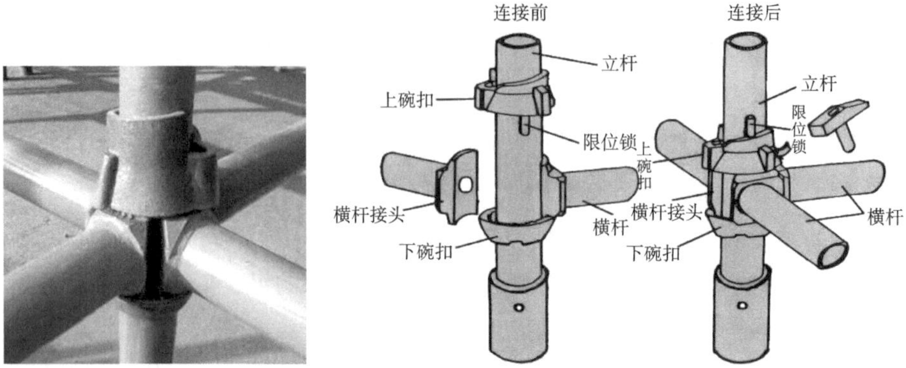

图 4-14　碗扣式钢管支撑体系

（3）门架式钢管支撑体系，如图 4-15 所示。门式架在我国南方地区多有应用。门式脚手架属于标准定型组件，搭设操作简便，工效高，其所用的交叉斜杆截面尺寸小，经济性好。但作为工具式定型产品同样存在通用性问题。

（4）盘扣式钢管支撑体系，如图 4-16 所示。盘扣式钢管支撑体系由立杆、水平杆、斜杆和连接盘等组成。组装时，立杆采用套管承插连接，水平杆和斜杆采用杆端扣接头卡入连接盘，用楔形插销连接，形成几何不变体系的钢管支架。

节点连接可靠，立杆与水平杆为轴心连接，配套斜杆连接，提高了架体的抗侧向力稳定性；杆件的系列化、标准化设计，适应各种结构和空间的组架，搭配灵活，由于有斜杆的连接，还可搭设悬挑结构、跨空结构等。

图 4-15　门架式钢管支撑体系

图 4-16　盘扣式钢管支撑体系

（5）普通独立钢支撑，如图 4-17 所示。独立钢支撑是由支撑立柱、支撑头组成的。其特征：支撑头的钢板板面上焊有两组间距的四肢角钢；支撑立柱下部有由支撑架组装头、支撑、立柱左右卡瓦和锁紧装置组成的折叠三脚架，支撑架组装头呈槽钢形断面，槽钢形断面的腹板上开有矩形孔，腹板上焊有主支撑，在上下翼缘板上开有销孔，用销钉连接左右支撑，在左右支撑的销轴上套接立柱左右卡瓦，卡瓦由上下卡瓦和卡瓦板焊成；焊有扇形钢板的锁紧装置手柄以销钉连接在主支撑上；支撑立柱的内管上套有回形销钉。

图 4-17 普通独立钢支撑

（二）模板支架搭设施工

1. 前期准备工作

模板支架搭设前的准备工作主要包括编制专项方案、组织专家论证、对搭设班组进行专项交底。

模板工程施工前，施工单位应根据工程结构形式、载荷大小、地基土类别、施工设备和材料供应等条件进行设计，选择合适的模板类型进行模板及支撑架设计，计算模板及支撑架的强度、刚度、整体稳定性，保证能可靠承受结构载荷、混凝土振捣载荷以及施工载荷。

《危险性较大的分部分项工程安全管理办法》（建质〔2009〕87 号文）中说明：搭设高度 5 m 及以上；或搭设跨度 10 m 及以上；或施工总载荷 10 kN/m^2 及以上；或集中线载荷 15 kN/m 及以上；或高度大于支撑水平投影宽度且相对独立无联系构件的混凝土模板支撑工程为危险性较大的分部分项工程，施工单位需要在施工前编制专项方案。

搭设高度 8 m 及以上；或搭设跨度 18 m 及以上；或施工总载荷 15 kN/m^2 及以上；或集中线载荷 20 kN/m 及以上的为“超过一定规模的危险性较大的分部分项工程”，施工单位应当编制专项方案并组织专家对专项方案进行论证。

支模架施工过程中不但个别作业人员因高处坠落会发生伤亡，若作业中支模系统发生坍塌，就会造成其上作业人员群死群伤的重大伤亡事故。

因此，施工作业前，必须对工人进行专项交底，还必须认真按高支模的要求作业，切实预防各类事故发生。支模架施工前，主管工长及班组长、施工作业人员均需要认真熟悉方案交底中的排架图，并严格按照排架图，提前在支模架搭设区域放线排架，保证支模架的整体性及稳定性。

2. 扣件式钢管脚手架支撑体系搭设要求

在钢筋混凝土现浇结构的施工过程中，扣件式钢管支撑架作为模板支架是当前应用最为广泛的一种模板支撑体系，为了保证支撑结构的安全性，我们有必要掌握构造措施的具体要求。

（1）在立柱底距离地面 200 mm 高处，沿纵横水平方向应按纵下横上的顺序设扫地杆，每根立柱底部应设置底座及垫板，垫板厚度不得小于 50 mm。

横向扫地杆在纵向扫地杆的下面，通过设置扫地杆能有效地增大模板支架的整体刚度，使立杆受力趋于均匀，有效地共同工作，提高承载力，同时可以避免因局部支架刚度偏小、变形过大进而影响整个支架稳定性的现象。

（2）可调支托底部的立柱顶端应沿纵横向设置一道水平拉杆。扫地杆与顶部水平拉杆之间的间距，在满足模板设计所确定的水平拉杆步距要求条件下，进行平均分配确定步距后在每一步距处纵横向应各设一道水平拉杆。当层高为 8~20 m 时，在最顶步距两水平拉杆中间应加设一道水平拉杆；当层高大于 20 m 时，在最顶两步距水平拉杆中间应分别增加一道水平拉杆。所有水平拉杆的端部均应与四周建筑物顶紧顶牢。无处可顶时，应在水平拉杆端部和中部沿竖向设置连续式剪刀撑。

（3）满堂支撑架的可调底座、可调托撑螺杆伸出长度不宜超过 300 mm，插入立杆内的长度不得小于 150 mm。立杆伸出顶层水平杆中心线至支撑点的长度不应超过 0.5 m。

满堂扣件式钢管支撑架是在纵、横方向，由不少于 3 排立杆并与水平杆、水平剪刀撑、竖向剪刀撑、扣件等构成的脚手架。该架体顶部钢结构安装等（同类工程）施工载荷通过可调托轴心传力给立杆，顶部立杆呈轴心受压状态，简称满堂支撑架。

（4）当立柱底部不在同一高度时，高处的纵向扫地杆应向低处延长不少于 2 跨，高低差不得大于 1 m，立柱距离边坡上方边缘不得小于 0.5 m。

（5）立柱接长严禁搭接，必须采用对接扣件连接，相邻两立柱的对接接头不得在同步内，且对接接头沿竖向错开的距离不宜小于 500 mm，各接头中心距主节点不宜大于步距的 1/3。

（6）严禁将上段的钢管立柱与下段钢管立柱错开固定在水平拉杆上。

（7）在架体外侧周边及内部纵、横向每 5~8 m，应由底至顶设置连续竖向剪刀撑，剪刀撑宽度应为 5~8 m。在竖向剪刀撑顶部交点平面应设置连续水平剪刀撑。

剪刀撑是对脚手架起着纵向稳定作用，加强纵向刚性的重要杆件。

①水平剪刀撑：在架体外侧周边及内部纵、横每 5~8 m 由底至顶设置连续竖向剪刀撑，剪刀撑宽度为 5~8 m；水平剪刀撑至架体底平面距离与水平剪刀撑间距不超过 8 m。

②纵向剪刀撑：十字盖宽度不得超过 7 根立杆，与水平夹角应为 45°~60°。剪刀撑的里侧一根与交叉处立杆用回转扣件扣牢，外侧一根与小横杆伸出部分扣牢。

剪刀撑斜杆的接长应采用搭接或对接，当采用搭接时，搭接长度不应小于 1 m，并应采用不少于 3 个旋转扣件固定。

3. 扣件式钢管支模架搭设施工流程

检查钢管、扣件质量→钢管分类→选取立杆、支撑→整理地面基础→放线定梁位→设水平扫地杆→立杆固定校正→加剪刀撑杆→定梁底标高→复测检查加固。

4. 支模架检查验收

支模架检查验收应根据专项施工方案，检查现场实际搭设与方案的符合性。施工过程中检查项目应符合下列要求：

（1）立柱底部基础应回填夯实；

（2）垫木应满足设计要求；

（3）底座位置应正确，自由端高度、顶托螺杆伸出长度应符合规定；

（4）立杆的间距和垂直度应符合要求，不得出现偏心载荷；

（5）扫地杆、水平拉杆、剪刀撑等设置应符合规定，固定可靠；

（6）安装后的扣件螺栓扭紧力矩应达到 40~65 N·m。抽检数量应符合规范要求。

（三）高大模板支撑系统

1. 高大模板支撑系统的定义

高大模板支撑系统是指建设工程施工现场混凝土构件模板支撑高度超过 8 m，或搭设跨度超过 18 m，或施工总载荷大于 15 kN/m^2 及以上；或集中线载荷大于 20 kN/m 的模板支撑系统。

施工单位应依据国家现行相关标准规范，由项目技术负责人组织相关专业技术人员，结合工程实际，编制高大模板支撑系统的专项施工方案，并经过专家论证方可实施。

2. 高大模板支撑系统专项施工方案

施工方案的主要内容应包括以下几项：

（1）编制说明及依据：相关法律、法规、规范性文件、标准、规范及图纸（国标图集）、施工组织设计等。

（2）工程概况：高大模板工程特点、施工平面及立面布置、施工要求和技术保证条件，具体明确支模区域、支模标高、高度、支模范围内的梁截面尺寸、跨度、板厚、支撑的地基情况等。

（3）施工计划：施工进度计划、材料与设备计划等。

（4）施工工艺技术：高大模板支撑系统的基础处理、主要搭设方法、工艺要求、材料的力学性能指标、构造设置以及检查、验收要求等。

（5）施工安全保证措施：模板支撑体系搭设及混凝土浇筑区域管理人员组织机构、施工技术措施、模板安装和拆除的安全技术措施、施工应急救援预案，模板支撑系统在搭设、钢筋安装、混凝土浇捣过程中及混凝土终凝前后模板支撑体系位移的监测监控措施等。

（6）劳动力计划：包括专职安全生产管理人员、特种作业人员的配置等。

（7）计算书及相关图纸：验算项目及计算内容包括模板、模板支撑系统的主要结构强度和截面特征及各项载荷设计值及载荷组合，梁、板模板支撑系统的强度和刚度计算，梁板下立杆稳定性计算，立杆基础承载力验算，支撑系统支撑层承载力验算，转换层下支撑层承载力验算等。每项计算列出计算简图和截面构造大样图，注明材料尺寸、规格、纵横支撑间距。

高大模板支撑，如图 4-18 所示。高大模板支撑立面，如图 4-19 所示。高大模板支撑剖面，如图 4-20 所示。高大模板架体与框架柱连接大样，如图 4-21 所示。高大模板架体与梁板连接大样，如图 4-22 所示。基础为混凝土面时立杆底部大样，如图 4-23 所示。基础为回填土面时立杆底部大样，如图 4-24 所示。

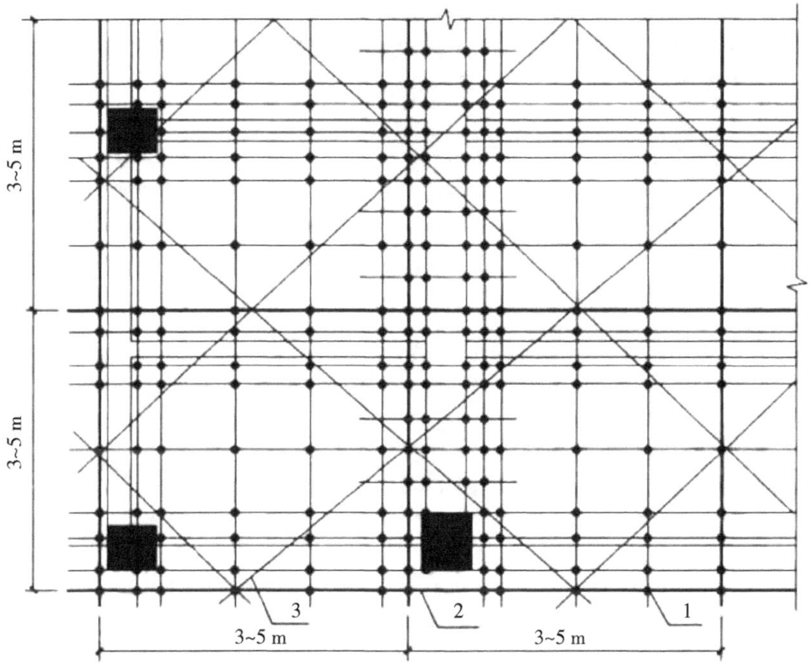

1—立杆，其间距应根据构造要求进行布置；2—竖向剪刀撑，架体外侧周边及内部纵、横向每隔 3~5 m 由底至顶设置宽度 3~5 m 连续竖向剪刀撑；3—水平剪刀撑，在竖向剪刀撑交点平面设置宽度 3~5 m 连续水平剪刀撑

图 4-18　高大模板支撑平面

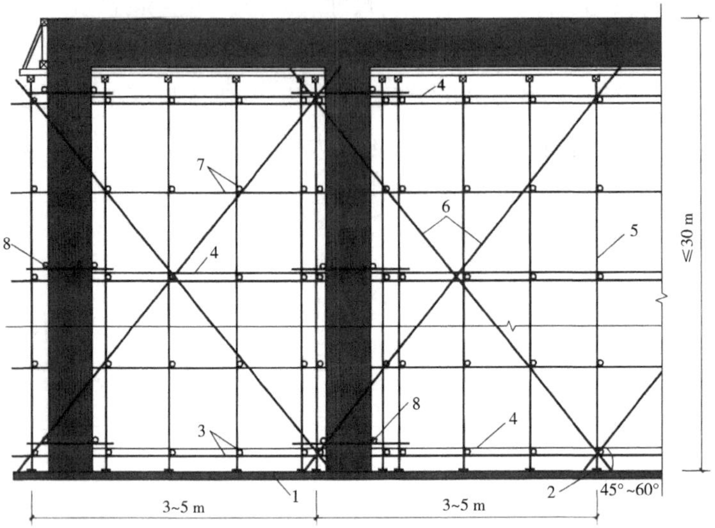

图 4-19　高大模板支撑立面

1—夯实基础或硬化地面；2—50 厚通长垫木；3—纵横向扫地杆；

4—水平剪刀撑；5—立杆；6—竖向剪刀撑；7—纵横向水平拉杆；8—抱柱加固钢管

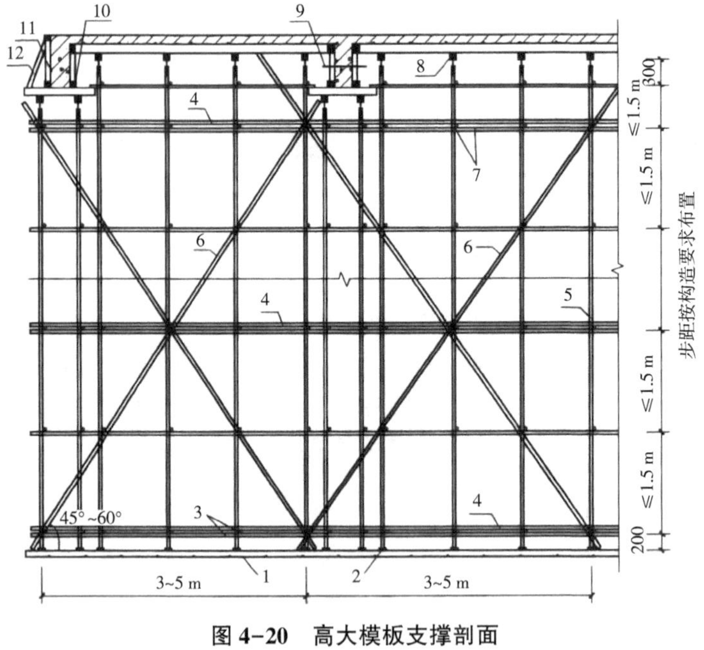

图 4-20　高大模板支撑剖面

1—夯实基础或硬化地面；2—垫木；3—纵横向扫地杆；4—水平剪刀撑；5—立杆；6—竖向剪刀撑；

7—纵横向水平拉杆；8—“U”形顶托；9—对拉螺栓；10—通长托木；11—立档；12—斜撑

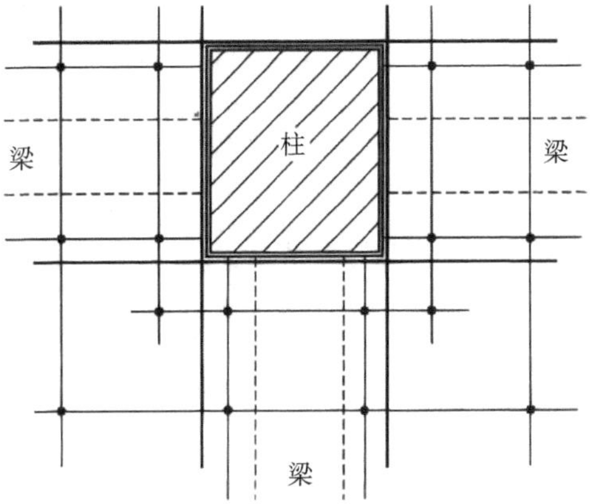

图 4-21　高大模板架体与框架柱连接大样

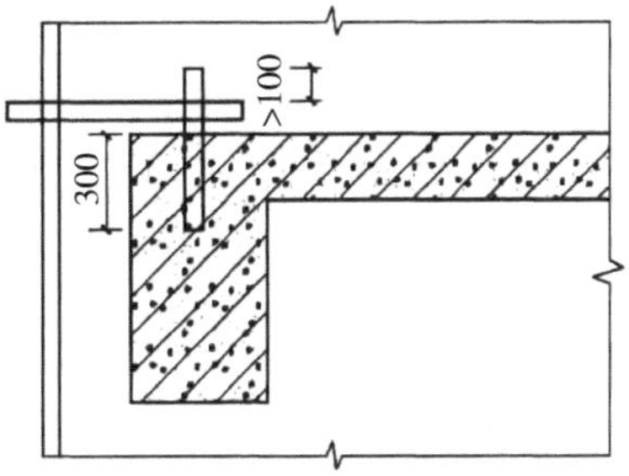

图 4-22　高大模板架体与梁板连接大样

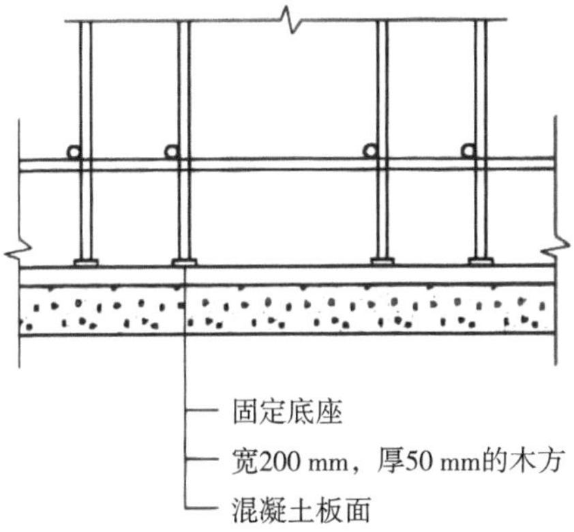

图 4-23　基础为混凝土面时立杆底部大样

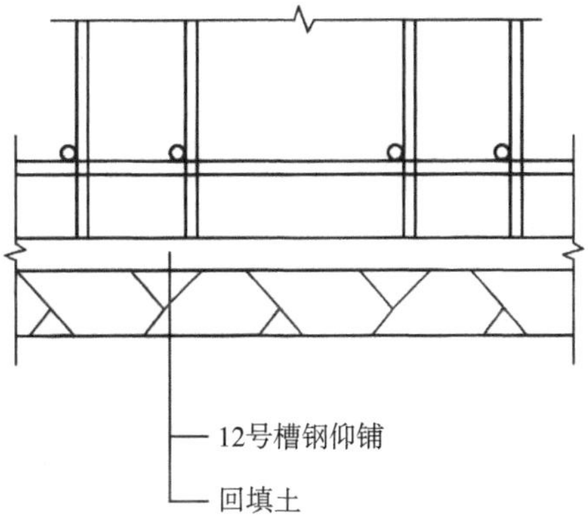

图 4-24　基础为回填土面时立杆底部大样

3. 高支模施工的通病治理

（1）支架沉降不均匀

①原因：地基不平或地基承载力不足。

②防治措施：对原土地基进行夯实平整；当地基承载力不足时，采用浇筑混凝土垫层或铺设钢、木垫板。

（2）上、下螺杆伸出长度超出规范要求

①原因：梁、板结构截面变化引起支架高度的变化，在立杆材料规格相同的情况下，局部出现上、下螺杆超长的现象。

②防治措施：在支架搭设前，应充分考虑到支架主构件和托座的正常高

度，当预计会出现螺杆超长的情况时，应提前在支承面标高上做分段的调整，避免支撑系统承载力的降低。对超长的螺杆采取纵横拉设水平杆的临时加固措施，并对立杆的承载力进行相应折减。

（3）扫地杆、水平杆、剪刀撑拉设未形成整体

①原因：专项施工方案未充分考虑支架整体性，出现立杆或门架排设间距不合理等而无法形成整体；搭设前未进行立杆排设放线，造成钢管立杆或门式架排放位置参差不齐，水平拉杆、剪刀撑无法拉设，造成支架整体稳定性差。

②防治措施：在专项施工方案支撑系统设计中，尽量使梁、板的立杆或门架排设时纵横间距一致或模数统一；搭设前严格按专项施工方案的立杆或门架排设要求进行放线，使立杆或门式架纵横排列形成整体。

（4）门架搭设时矮架在下

①原因：操作人员贪图施工方便，使门架头重脚轻。

②防治措施：搭设前对操作人员进行口头和书面交底，搭设时质量安全员现场监督执行。

（5）支架垂直度不符合要求

①原因：支架材料由于多次周转出现变形而又未及时进行更换，搭设时操作人员未及时对支架垂直度进行调整。

②防治措施：及时更换变形支架材料；搭设时采用线坠或经纬仪密切监测其安装垂直度，严格控制在规范规定的范围内，确保支架系统的安全性。

（6）支架顶部支柱采用搭接形式

①原因：为避免截断材料，在支架顶层支柱采用搭接形式，造成上、下立柱受力错位，通过扣件传力。

②防治措施：根据支架搭设高度合理组合材料使用，避免搭接现象；如出现搭接现象，应对扣件抗滑移能力进行验算，并保证扣件拧紧力矩达到规范要求。

高支模在搭设及使用过程中，必须加强日常安全管理，遵循先设计后施工的基本原则，支架的设计要达到结构稳定、构造合理的要求，重视支架的整体稳定性，并应尽量与已浇筑的建筑构件立体连接，提高支架的整体抗倾覆能力，做好信息化监测措施，严格控制钢管支架的过量应力与变形，加强

施工中的通病治理，确保支架的使用安全稳定。①

二、楼板模板的制作安装

模板工序是使混凝土按设计形状成形的关键工序，拆模后混凝土构件必须达到表面平整、线角顺直、不漏浆、不跑模（爆模）、不烂根、梁类构件不下挠，使混凝土成形质量达到规定的标准。

为了达到这样的质量要求，首先必须了解楼板模板的构造特点。

（一）楼板模板的构造特点

（1）楼板模板一般面积大而厚度不大，侧向压力小，下部架空。

（2）楼板模板包括板底模和支架，主要承受钢筋、混凝土的自重以及施工载荷，在施工过程中保证模板不变形，楼板安装首先就要解决强度、刚度的问题。

（3）楼板模板一般与梁模板连成一体。模板铺设前，先在梁侧模外边钉立木和横档，在横档上安装搁栅。搁栅安装要水平，调平后即可铺放楼板模板，如图 4–25 所示。

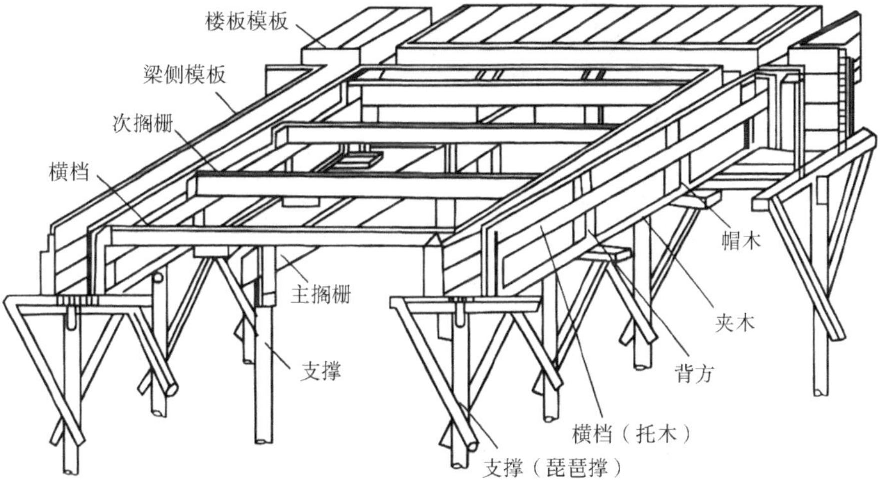

图 4–25　肋形楼盖的木模板支模

（4）在密肋钢筋混凝土楼盖的施工中常采用塑料模壳作为模板来使

① 苏晓华，白东丽，刘宇．钢筋混凝土工程施工［M］．北京：北京理工大学出版社，2020.

用，模板采用增强的聚丙烯塑料制作，其周转使用次数达60次。模壳的主要规格为1 200 mm×1 200 mm、1 500 mm×1 500 mm。

图 4-26　密肋楼板模壳

图 4-27　密肋模壳施工

（5）采用桁架做支撑结构时，一般应预先支好梁、墙模板，然后将桁架按模板设计要求支设在梁侧模通长的型钢或方木上，调平固定后再铺设楼板模板，如图 4-28 所示。

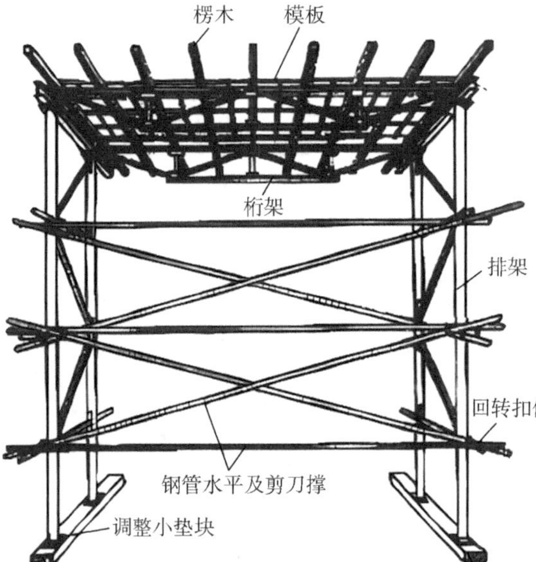

图 4-28　桁架支设楼板模板

采用桁架可以扩大底部的施工空间。

（6）早拆模板体系。早拆模板是为实现早期拆除楼板模板而采用的一种支模装置和方法，其工作原理就是“拆板不拆柱”，拆模时使原设计的楼板处于短跨（短跨小于 2 m）的受力状态，即保持楼板模板跨度不超过相关规范所规定的跨度要求，这样，只要当混凝土强度达到设计强度的 50%时即可拆除楼板模板及部分支撑，而柱间、立柱及可调支座仍保持支撑状态。当混凝土强度达到设计要求时，再拆去全部竖向支撑。

早拆模板的关键部件是早拆柱头，早拆模板体系，如图 4-29 所示。

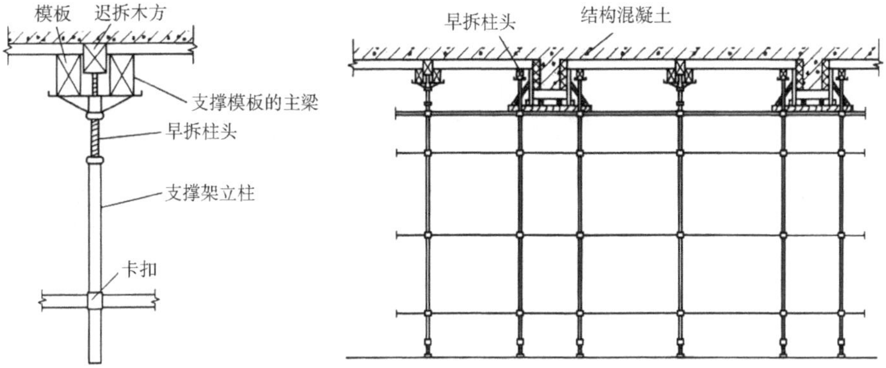

（a）早拆柱头布置　　（b）模板早拆支撑体系

图 4-29　早拆模板体系

早拆模板拆模后，如图 4-30 所示。

图 4-30　早拆模板拆模后

（二）楼板模板的安装工艺

楼板模板的安装工序：搭设模板支架，如图 4-31。搭设模板支架→安装横、纵向钢（木）楞→调整模板下皮标高并且按规定要求起拱→铺设模板→检查模板上皮标高、平整度→楼板模板预检。

图 4-31　搭设模板支架

楼板模板安装的施工要点如下：

（1）底层地面应夯实，并铺垫脚板。采用多层支架支模时，支柱应垂直，上、下层支柱应在同一竖向中心线上，各层支柱间的水平拉杆和剪刀撑要认真加强。

（2）拉通线调节支柱高度，先将大楞木找平，再架设小楞木，楼板跨度大于 4 m 时，模板的跨中要起拱，起拱高度为板跨度的 1‰～3‰。

（3）采用组合钢模板做楼板模板时，大楞木可采取 ϕ48 mm×3. 5 mm 双钢管、冷轧轻型卷边槽钢、轻型可调钢桁架，其跨度经计算确定；小楞木可采取 48 mm×3. 5 mm 双钢管或方木，必须保证每一块模板长度内有两根楞木支撑。同时，应尽量采取大规格的模板，以减少模板拼缝；楼板模板与梁侧模板及墙体模板相交处用阴角模板固定。

（4）楼板与墙板或梁板交接阴角处均应设置一根通常方木，用来固定阴角处模板，保证阴角顺直和防止漏浆。

（5）铺模板时可从四周铺起，并在中间收口。楼面模板铺完后，应认真检查支架是否牢固，模板梁面、板面应清扫干净。

（6）挂模施工。挂模就是吊模，是指没有下部支撑而悬在空中的模板，它可以用各种方式固定，一般用在有高低差的部位，与其他模板施工最明显的地方是下口无支撑或采取特殊方式加以固定支撑，一般都承受侧向载荷，保持其稳定性，能使混凝土构件水平度、垂直度达到要求即可。

对不大于 15 cm 的下沉式挂板可见高低跨挂模施工方法一，如图 4-32 所示；对大于 15 cm 的下沉式挂板，应额外采取顶拉结合的定位加固措施，在模板底部焊接“十”字定位卡，角部拼缝处采用直三角加固，见高低跨挂模施工方法二，如图 4-33 所示。

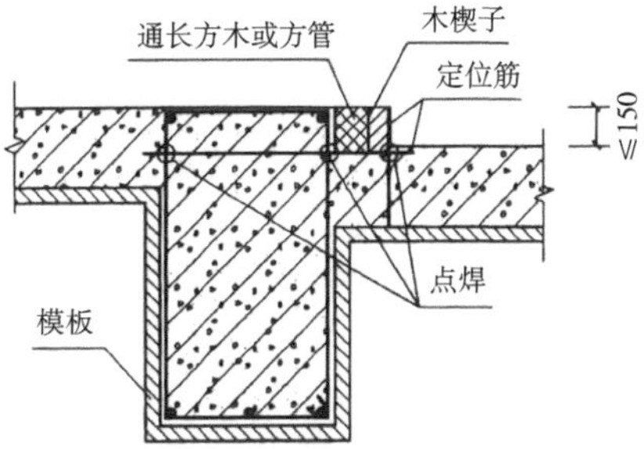

图 4-32　高低跨挂模施工方法一

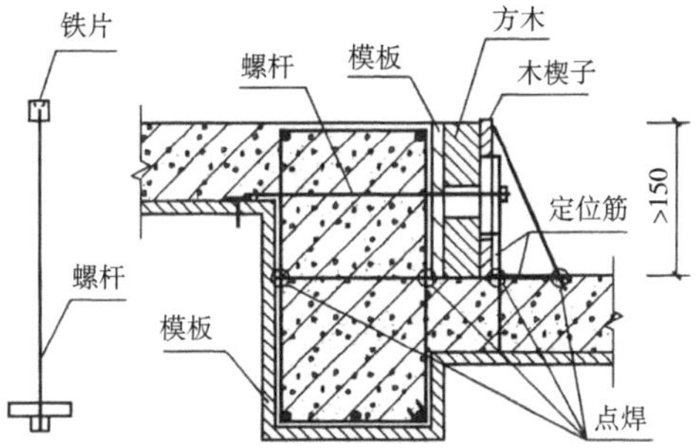

图 4-33　高低跨挂模施工方法二

（三）模板质量的主要要求

（1）模板及其支架具有足够的强度、刚度和稳定性，避免发生不允许的下沉和变形；其支架的支承部分必须有足够的支承面积。以满堂脚手架等做支撑加固的模板，其必须采取稳定措施。检验方法为对照模板设计，现场观察或尺量检查。

（2）模板接缝严密，不得漏浆，宽度应不大于 2 mm。检查数量：墙和板抽查 20%。检验方法：观察和用楔形塞尺检查。

（3）模板表面应清理干净，并均匀涂刷脱模剂，不得有漏涂现象。

（4）模板安装允许偏差及检验方法，如表 4-3 所示。

表 4-3　模板安装允许偏差及检验方法

项目		允许偏差/mm	检验方法
轴线位置		5	尺量
底模上表面标高		±5	水准仪或拉线、尺量
模板内部尺寸	基础	±10	尺量
	柱、墙、梁	±5	尺量
	楼梯相邻踏步高差	5	尺量
柱、墙垂直度	层高≤6 cm	8	经纬仪或吊线、尺量
	层高>6 cm	10	经纬仪或吊线、尺量
相邻模板表面高差		2	尺量
表面平整度		5	2 m 靠尺和塞尺量测

第四节　板（梁）的混凝土浇筑技术分析

一、施工缝与浇后带的留设与处理

（一）施工缝的留设与处理

施工缝指的是在混凝土浇筑过程中，因施工工艺需要分层、分段浇筑而在先、后浇筑的混凝土之间所形成的接缝。施工缝并不是一种真实存在的“缝”，它只是因后浇筑混凝土超过初凝时间，而与先浇筑的混凝土之间存在一个结合面，将该结合面称为施工缝（区别于变形缝、后浇带等）。

1. 施工缝的留设位置

施工缝的留设位置应在混凝土浇筑之前确定，总的留设原则：设置在结构受剪力较小和便于施工的部位。受力复杂的结构构件或有防水抗渗要求的结构构件，施工缝留设位置应经设计单位认可。

单向板施工缝应留设在平行于板短边的任何位置，如图 4-34 所示。

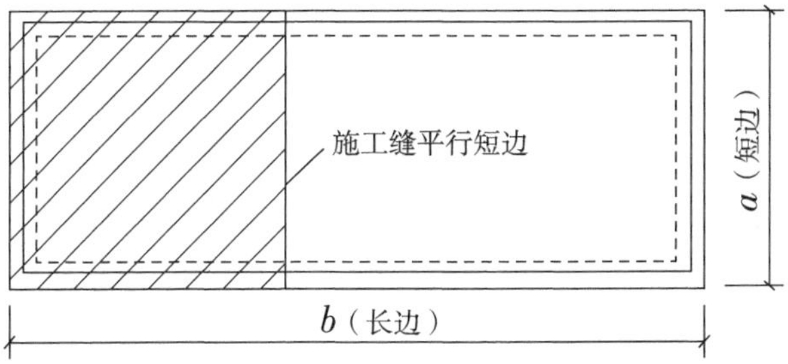

图 4-34 单向板施工缝留设位置示意

有主次梁的楼板宜顺着次梁方向浇筑，施工缝应留在次梁跨度的中间 1/3 范围内，如图 4-35 所示。

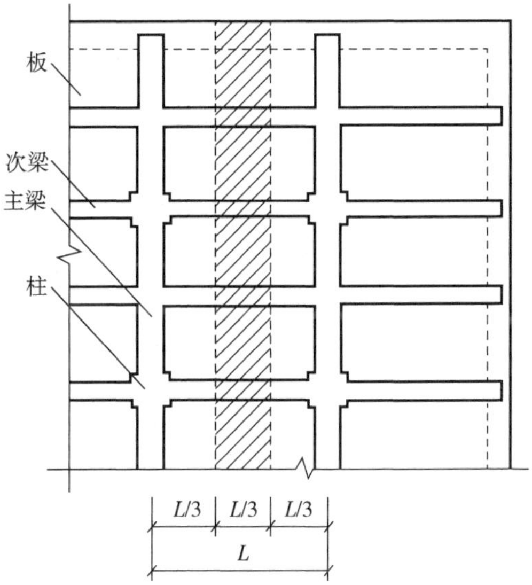

图 4-35 有主次梁的楼板施工缝留设位置示意

2. 施工缝的处理

（1）待已浇筑的混凝土抗压强度不小于 1. 2 MPa 时，才可进行施工缝处施工；

（2）进行凿毛、清洗，清除泥垢、浮渣、松动石子等，积水要清除（施工缝处）；

（3）满铺一层 10～15 mm 厚水泥浆或与混凝土中砂浆成分相同的水泥砂浆后，即可继续浇筑混凝土。

（二）后浇带的留设与处理

后浇带，也称施工后浇带。为了解决高层主体与低层裙房的差异沉降（后浇沉降带）或解决钢筋混凝土收缩变形（后浇收缩带）或解决混凝土温度应力（后浇温度带），按照设计，在相应位置留设临时施工缝，将结构暂时分为若干部分，一定时间后再浇捣该施工缝混凝土，将结构连成整体。

1. 后浇带的留设

后浇带的留设必须依据设计要求的位置与尺寸，设在受力和变形较小的部位，间距一般不超过 40 m，宽度不低于 800 mm。

后浇带收口是工程的重点和难点，由于收口处理不好，造成后浇带两侧混凝土跑、胀现象发生，为后期清理增加很大难度。目前，最常见的收口有锯齿板收口、快易收口网收口和钢丝网收口三种。

（1）锯齿板

锯齿板适用于厚度比较小的楼层板的后浇带收口，将钢筋穿过位置制作成锯齿口，齿口的宽度为 1.5 倍的钢筋直径，后浇带两侧锯齿板之间采用 50 mm×100 mm @ 1 000 mm 木方进行支顶。收口的锯齿板在下层钢筋网片绑扎完成后进行安装，安装过程中对于齿口部位可采用钢丝网辅助进行收口。楼层后浇带锯齿模板图，如图 4-36 所示；锯齿模板现场照片，如图 4-37 所示。

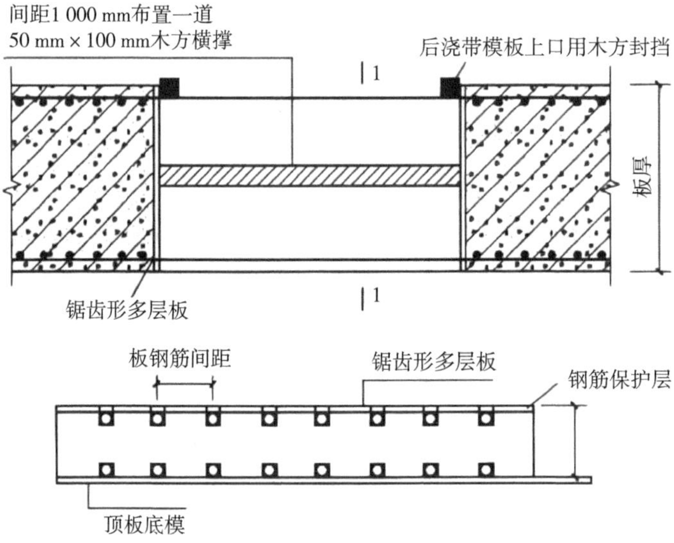

图 4-36　楼层后浇带锯齿模板

（2）快易收口网

快易收口网是用热浸锌钢板制成的，其具有密度小、易切割、易弯曲、易成型、易搬运的优点。其适用于底板、地下室外墙后浇带的收口。混凝土浇筑时，网眼上的斜角片嵌在混凝土里，这样新旧混凝土接茬处能有较好的咬合力，如图 4-38 所示。

图 4-37 锯齿模板现场照片

图 4-38 底板后浇带采用快易收口网

（3）钢丝网

由于钢丝网刚度小，主要配合快易收口网、锯齿板使用（在钢筋部位或局部小洞口部位使用）。

后浇带部位需要设置支撑架的只有楼板后浇带。对于楼板后浇带架体要同其他区域架体同时进行支设，但由于后浇带两侧的梁板在未补浇混凝土前长期处于悬臂状态，后浇带部位架体（后浇带两侧至少各一跨）需要在后浇带混凝土浇筑完成且达到 100%强度后方可以拆除。因此，楼板后浇带部位的模板、支撑体系要独立设置，以便相邻区域模板、支架拆除时不影响后浇带部位的模板、支架。为此，在模板支架实施前就需要进行考虑，实施过程中模板、支架宜从后浇带开始向两侧支设，如图 4-39 所示。

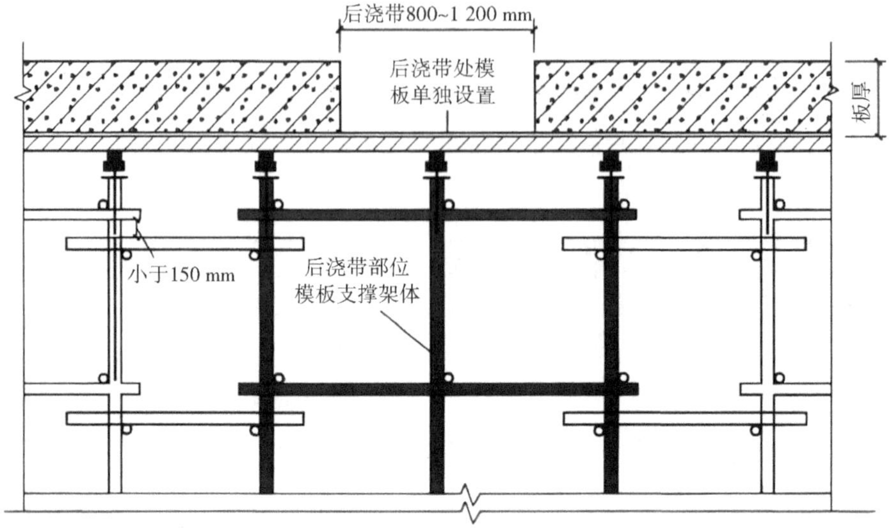

图 4-39　后浇带模板独立支撑体系

2. 后浇带的浇筑

楼板面后浇带混凝土浇筑施工工序：清理先浇混凝土界面→检查原有模板的严密性与可靠性→调整后浇带钢筋并除锈→浇筑后浇带混凝土→后浇带混凝土养护。

浇筑混凝土前，应将后浇带表面清理干净，并对钢筋整理或施焊。所有后浇带的清理、钢筋除锈、调直、模板的支设、混凝土浇筑等应派专人管理，并一直到养护结束。

后浇带宜选用比原设计强度高一级别早强、补偿收缩混凝土浇筑，并应表面覆盖养护。

二、梁板混凝土的主要浇筑

（一）浇筑前的准备工作

（1）检查模板的标高、位置及严密性，支架的强度、刚度、稳定性，检查外架是否搭设高出该层混凝土完成面 1.5 m，并满挂密目网，清理模板内垃圾、泥土、积水和钢筋上的油污，高温天气模板宜浇水湿润。

（2）做好钢筋及预留预埋管线的验收和钢筋保护层检查，做好钢筋工程隐蔽记录。梁柱交接处钢筋过密时，绑扎时应留置振捣孔。

（3）施工缝处混凝土表面已经清除浮浆，剔凿露出石子，用水冲洗干净，湿润后清除明水，松动砂石和软弱混凝土层已经清除，已浇筑混凝土强度≥1.2 MPa（通过同条件试块来确定）。

（4）混凝土浇筑前的各项技术准备到位，管理人员到位及施工班组、技术、质检人员到位，要进行现场技术交底。各种用电工具检修正常，夜间照明设施完善，施工道路畅通。

（5）搭好施工马道，泵管用马凳搭设固定好，必须高于板面 150 mm 以上。

（二）梁板混凝土浇筑要点

（1）肋形楼板的梁板应同时浇筑，浇筑方法应由一端开始，使用“赶浆法”，即先将梁根据梁高分层浇筑成阶梯形，当达到板底位置时再与板的混凝土一起浇筑，随着阶梯形不断延长，梁板混凝土浇筑连续向前推进，如图 4-40 所示。

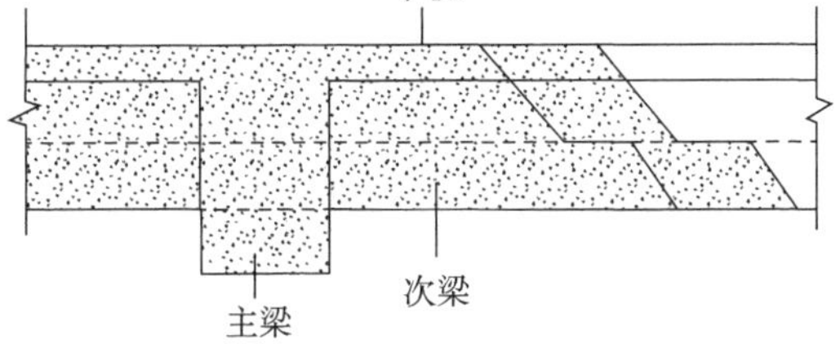

图 4-40　梁、板同时浇筑方法示意

（2）和板连成整体的大断面梁允许将梁单独浇筑，其施工缝应留在板底以下 2~3 cm 处。浇捣时，浇筑与振捣必须紧密配合，第一层下料慢些，梁底充分振实后再下第二层料。用“赶浆法”保持水泥浆沿梁底包裹石子向前推进，每层均应振实后再下料，梁底及梁膀部位要注意振实，振捣时不得触动钢筋及预埋件。

（3）梁柱节点钢筋较密时，浇筑此处混凝土时宜用与细石子同强度等级混凝土浇筑，并用小直径振捣棒振捣。

（4）浇筑板混凝土的虚铺厚度应略大于板厚，用平板振捣器垂直浇筑方向来回拖动振捣，并用铁插尺检查混凝土厚度，振捣完毕后用木刮杠刮平，浇水后再用木抹子压平、压实。施工缝处或有预埋件及插筋处用木抹子抹平。浇筑板混凝土时不允许用振捣棒铺摊混凝土。

(5) 混凝土浇筑时钢筋工、木工、电工必须有专人到场。

①钢筋工：重点注意剪力墙及梁的钢筋在混凝土浇筑时不要贴着模板，板的面筋在浇筑混凝土时不要翘起，特别是楼板的面筋在梁上的锚固位置。

②木工：重点注意跑模、爆模的发生。

③电工：重点注意用电安全和保障。

(6) 混凝土浇筑完成以后 12 h 内立即安排专人养护，养护时间达到规范和设计规定要求。

三、混凝土的质量检查与缺陷处理

(一) 外观质量检查

混凝土结构拆模后，应从外观上检查其表面有无麻面、蜂窝、孔洞、露筋、缺棱掉角、缝隙夹层等缺陷，外形尺寸是否超过规范允许偏差。

1. 外观质量缺陷及产生的原因

(1) 麻面

麻面是指混凝土表面呈现出无数绿豆般大小的不规则小凹点，直径通常不大于 5 mm，如图 4-41 所示。

成因分析：模板表面未清理干净，附有水泥浆渣等杂物。浇筑前模板上未洒水湿润或湿润不足，混凝土的水分被模板吸去或模板拼缝漏浆，靠近拼缝的构件表面浆少，拆模后出现麻面。混凝土搅拌时间短，加水量不准确致使混凝土和易性差，混凝土浇筑时有的地方砂浆少、石子多，形成麻面。混凝土没有分层浇筑，造成混凝土离析，出现麻面。混凝土入模后振捣不到位，气泡未能完全排出，拆模后出现麻面。

(2) 蜂窝

蜂窝是指混凝土表面无水泥浆，集料间有空隙存在，形成数量或多或少的窟窿，大小如蜂窝，形状不规则，露出石子深度大于 5 mm，深度不漏主筋，可能漏箍筋，如图 4-42 所示。

图 4-41　麻面

图 4-42　蜂窝

成因分析：模板漏浆或振捣过度，跑浆严重致使出现蜂窝。混凝土坍落度偏小，配合比不当，或砂、石子、水泥材料加水量计量不准，造成砂浆少、石子多，加上振捣时间过短或漏振形成蜂窝。混凝土下料不当或下料过高，未设串筒使石子集中，造成石子砂浆离析，没有采用带浆法下料和赶浆法振捣。混凝土搅拌与振捣不足，使混凝土不均匀、不密实，和易性差，振捣不密实，造成局部砂浆过少。

（3）孔洞

孔洞是指混凝土表面有超过保护层厚度，但不超出截面尺寸 1/3 缺陷，结构内存在着空隙，局部或部分没有混凝土，如图 4-43 所示。

成因分析：内外模板距离狭窄，振捣困难，集料粒径过大，钢筋过密，造成混凝土下料中被钢筋卡住，下部形成孔洞。混凝土流动性差，或混凝土出现离析，粗集料同时集中到一起，造成混凝土浇筑不畅形成孔洞。未按浇筑顺序振捣，有漏振点形成孔洞。没有分层浇筑，或分层过厚，使下部混凝土振捣作用半径达不到，呈松散状态而形成孔洞。

（4）露筋

钢筋混凝土结构内部的主筋、负筋或箍筋等裸露在混凝土表面，如图 4-43 所示。

成因分析：浇筑混凝土时，垫块发生位移或数量太少；保护层薄或该处混凝土漏振；结构构件截面小，钢筋过密。

（5）缝隙夹层

施工缝处混凝土结合不好，有缝隙或有杂物，造成结构整体性不良，如

图 4–44 所示。

图 4–43　梁产生孔洞、露筋

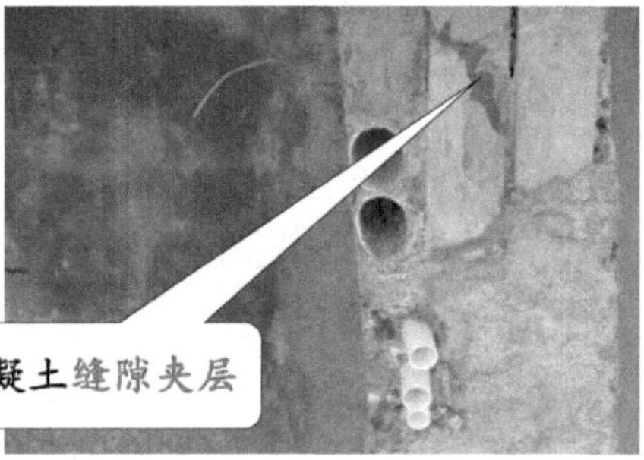

图 4–44　剪力墙产生缝隙夹层

成因分析：浇筑前，未认真处理施工缝表面；捣实不够；浇筑前垃圾未能清理干净。

（6）缺棱掉角

梁、柱、板、墙和洞口直角处混凝土局部掉落，不规整，棱角有缺陷，如图 4–45 所示。

成因分析：混凝土浇筑前木模板未湿润或湿润不够，或者钢模板未刷脱模剂或刷涂不均匀；混凝土养护不好；过早拆除侧面非承重模板；拆模时外力作用或重物撞击，或保护不好，棱角被碰掉。

图 4–45　缺棱掉角

《混凝土结构工程施工质量验收规范》（GB 50204—2015）中规定：现浇结构的外观质量缺陷应由监理单位、施工单位等各方根据其对结构性能和使用功能影响的严重程度，按规范确定。如表 4–4 所示。

表 4–4　现浇结构外观质量缺陷

名称	现象	严重缺陷	一般缺陷
露筋	构件内钢筋未被混凝土包裹而外露	纵向受力钢筋有露筋	其他钢筋有少量露筋

续表

名称	现象	严重缺陷	一般缺陷
蜂窝	混凝土表面缺少水泥砂浆而形成石子外露	构件主要受力部位有蜂窝	其他部位有少量蜂窝
孔洞	混凝土中孔穴深度和长度均超过保护层厚度	构件主要受力部位有孔洞	其他部位有少量孔洞
夹渣	混凝土中央有杂物且深度超过保护层厚度	构件主要受力部位有夹渣	其他部位有少量夹渣
疏松	混凝土局部不密实	构件主要受力部位有疏松	其他部位有少量疏松
裂缝	裂缝从混凝土表面延伸至混凝土内部	构件主要受力部位有影响结构性能或使用功能的裂缝	其他部位有少量不影响结构性能或使用功能的裂缝
连接部位缺陷	构件连接处混凝土有缺陷及连接钢筋、连接件松动	连接部位有影响结构传力性能的缺陷	连接部位有基本不影响结构传力性能的缺陷
外部缺陷	缺棱掉角、棱角不直、翘曲不平、飞边凸肋等	清水混凝土构件有影响使用功能或装饰效果的外形缺陷	其他混凝土构件有不影响使用功能的外形缺陷
外表缺陷	构件表面麻面、掉皮、起砂、沾污等	具有重要装饰效果的清水混凝土构件有外表缺陷	

现浇结构的外观质量不应有严重缺陷。对已经出现的严重缺陷，应由施工单位提出技术处理方案，并经监理单位认可后进行处理；对裂缝、连接部位出现的严重缺陷及其他影响结构安全的严重缺陷，技术处理方案尚应经设计单位认可。对经处理的部位应重新验收。

检查数量：全数检查。

检验方法：观察，检查处理记录。

对已经出现的一般缺陷，应由施工单位按技术处理方案进行处理。对经处理的部位应重新验收。

检查数量：全数检查。

检验方法：观察，检查处理记录。

2. 位置和尺寸偏差

现浇结构不应有影响结构性能或使用功能的尺寸偏差；混凝土设备基础不应有影响结构性能和设备安装的尺寸偏差。

对超过尺寸允许偏差且影响结构性能和安装、使用功能的部位，应由施工单位提出技术处理方案，并经监理、设计单位认可后进行处理。对经处理的部位应重新验收。

现浇结构的位置、尺寸偏差及检验方法应符合表 4-5 的规定。

表 4-5　现浇结构的位置、尺寸偏差及检验方法

项目			允许偏差/mm	检验方法
轴线位置	整体基础		15	经纬仪及尺量
	独立基础		10	经纬仪及尺量
	柱、墙、梁		8	尺量
垂直度	柱墙层高	≤6 m	10	经纬仪或吊线、尺量
		>6 m	12	经纬仪或吊线、尺量
	全高（H）≤300 m		H/30 000+20	经纬仪、尺量
	全高（H）>300 m		H/10 000 且≤80	经纬仪、尺量
标高	层高		±10	水准仪或拉线、尺量
	全高		±30	水准仪或拉线、尺量
截面尺寸	基础		±15，-10	尺量
	柱、梁、板、墙		±10，-5	尺量
	楼梯相邻踏步高差		±6	尺量
电梯井洞	中心位置		10	尺量
	长、宽尺寸		±25，0	尺量
表面平整度			8	2 m 靠尺和塞尺量测
预埋件中心位置	预埋板		10	尺量
	预埋螺栓		5	尺量
	预埋管		5	尺量
	其他		10	尺量
预留洞、孔中心线位置			15	尺量

注：1. 检查轴线、中心线位置时，沿纵、横两个方向测量，并取其中偏差的较大值。

2. H 为全高，单位为 mm。

检查数量：按楼层、结构缝或施工段划分检验批。在同一检验批内，对梁、柱和独立基础，应抽查构件数量的 10%，且不应少于 3 件；对墙和板，应按有代表性的自然间抽查 10%，且不应少于 3 间；对大空间结构，墙可按相邻轴线间高度 5 m 左右划分检查面，板可按纵、横轴线划分检查面，抽查10%，且均不应少于3面；对电梯井，应全数检查。

（二）混凝土质量缺陷的处理

（1）表面抹浆修补。对数量不多的小蜂窝、麻面、露筋、露石的混凝土表面，主要是保护钢筋和混凝土不受侵蚀，可用1∶2.5~1∶2水泥砂浆抹面修整。

（2）细石混凝土填补。当蜂窝比较严重或露筋较深时，应去掉不密实的混凝土，用清水洗净并充分湿润后，再用比原强度等级高一级的细石混凝土填补并仔细捣实。

（3）水泥灌浆与化学灌浆。对于宽度大于0.5 mm的裂缝，宜采用水泥灌浆；对于宽度小于0.5 mm的裂缝，宜采用化学灌浆。

四、混凝土强度的检查

混凝土的强度检验主要是抗压强度检验，它既是评定混凝土是否达到设计强度的依据，也是混凝土工程验收的控制性指标，还可为结构件的拆模、出厂、吊装、张拉、放张提供混凝土实际强度的依据。

（一）混凝土试件的取样与留置

（1）用于检查结构构件混凝土强度的试件取样规定。应在浇筑地点随机抽取，对同一配合比混凝土，取样与试件留置应符合下列规定：

①每拌制100盘且不超过100 m^3时，取样不得少于一次；

②每工作班拌制不足100盘时，取样不得少于一次；

③连续浇筑超过1 000 m^3时，每200 m^3取样不得少于一次；

④每一楼层取样不得少于一次；

⑤每次取样应至少留置一组试件。

（2）用于混凝土结构实体检验的同条件养护试件的取样规定。同条件养护试块是指混凝土试块脱模后放置在混凝土结构或构件上进行同温度、同湿度环境的相同养护，达到等效养护龄期时进行强度试验的试件。它的试压强度值是反映混凝土结构实体强度的重要指标，其试验强度是结构验收的重要依据。

同条件养护试件的留置方式和取样数量，应由监理（建设）、施工等各方共同选定，并应符合下列规定：

①对混凝土结构工程中的各混凝土强度等级，均应留置同条件养护试件；

②同一强度等级的同条件养护试件，其留置数量应根据混凝土工程量和重要性确定，不宜少于 10 组，且不应少于 3 组，其中两层楼间不能小于 1 组留置养护试件；

③同条件养护试件的留置宜均匀分布于工程施工周期内，两组试件留置之间浇筑的混凝土量不得大于 2 000 m^3。

同条件养护试件拆模后，应放置在靠近相应结构件或结构部位的适当位置，并应采取相同的养护方法。为便于保管，施工单位通常将试块装在特制的钢筋笼内并放置在相应的位置。

（3）有抗渗要求的混凝土结构，其试件应在浇筑地点随机取样。同一工程、同一配合比的混凝土取样不应少于一次，留置组数可根据实际需要确定。

（二）每组试件的强度

（1）取 3 个试件的算术平均值；

（2）当 3 个试件强度中的最大值和最小值之一与中间值之差超过中间值的 15%时，取中间值；

（3）当 3 个试件强度中的最大值和最小值与中间值的差均超过中间值的 15%时，该组试件不作为强度评定的依据。①

① 苏晓华，白东丽，刘宇. 钢筋混凝土工程施工［M］. 北京：北京理工大学出版社，2020.

第五章　钢筋混凝土楼梯施工技术分析研究

现浇混凝土技术以其高强度、整体性等独特优势在建筑领域得到越来越多的应用，现浇混凝土楼梯踏步是其中最受欢迎的一种；现浇混凝土楼梯踏步在进行施工的时候工序不是特别难，工人只需要按照施工图纸认认真真地进行每一道工序即可成功做好楼梯，但更重要的是保障楼梯成型之后的质量问题。

第一节　钢筋混凝土楼梯结构与模板

一、楼梯类型及组成

现浇混凝土楼梯按结构不同可以分为板式楼梯、梁式楼梯、悬挑楼梯和旋转楼梯等。板式楼梯的踏步段是一块斜板，这块踏步段斜板支承在高端梯梁和低端梯梁上，或者直接与高端平板和低端平板连成一体；梁式楼梯踏步段的左右两侧是两根楼梯斜梁，把踏步板支承在楼梯斜梁上；这两根楼梯斜梁支承在高端梯梁和低端梯梁上，这些高端梯梁和低端梯梁一般都是两端支承在墙或者柱上；悬挑楼梯的梯梁一端支承在墙或者柱上，形成悬挑梁的结构，踏步板支承在梯梁上。也有的悬挑楼梯直接把楼梯踏步做成悬挑板（一端支承在墙或者柱上）；如旋转楼梯采用围绕一个轴心螺旋上升的做法。旋转楼梯往往与悬挑楼梯相结合，作为旋转中心的柱就是悬挑踏步板的支座，楼梯踏步围绕中心柱形成一个螺旋向上的踏步形式。

现浇混凝土板式楼梯根据其构造特点不同可分为 11 种类型，包括 AT 型、BT 型、CT 型、DT 型、ET 型、FT 型、GT 型、HT 型、ATa 型、ATb 型、ATc 型。

楼梯类型及适用范围，如表 5-1 所示。现浇板式楼梯由层间平板、层间梯梁、踏步段、楼层梯梁、楼层平板组成，如图 5-1 所示。

表 5-1 楼梯类型及适用范围

梯板代号	适用范围	
	抗震构造措施	适用结构
AT	无	框架、剪力墙、砌体结构
BT		
CT	无	框架、剪力墙、砌体结构
DT		
ET	无	框架、剪力墙、砌体结构
FT		
GT	无	框架结构
HT		框架、剪力墙、砌体结构
ATa	无	框架结构
ATb		
ATc		

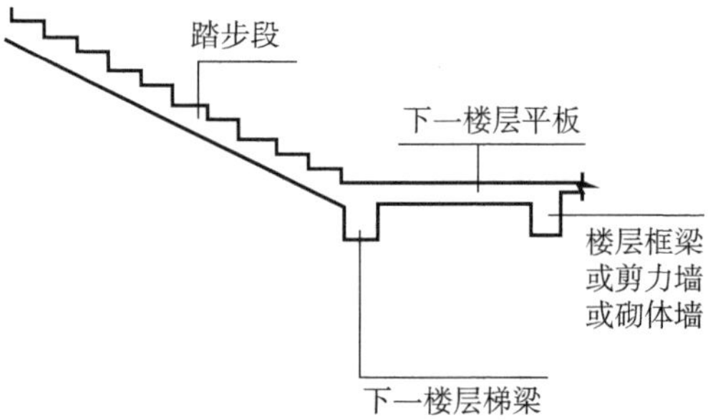

图 5-1 现浇板式楼梯的组成

二、楼梯模板的构造

楼梯模板是由底模、搁栅、牵杠、牵杠撑、外帮板、踏步侧板、反三角木等组成，如图 5-2 所示。楼梯模板常采用胶合板，也可采用定型组合钢模板（图 5-3）或木模板。平台梁和平台模板的构造与梁板模板基本相同。

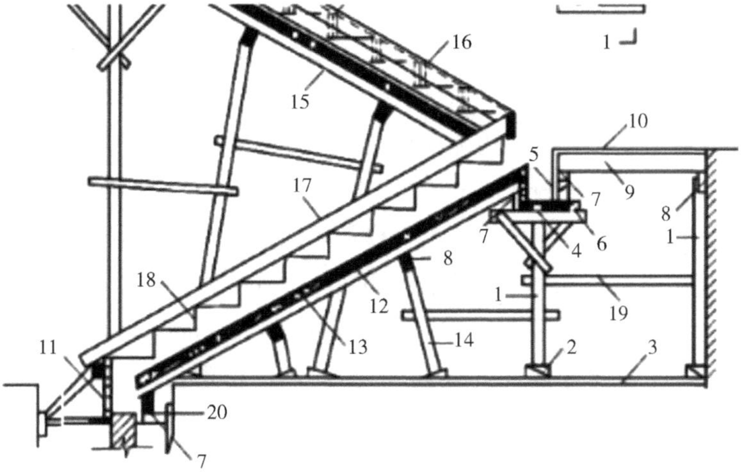

图 5-2　楼梯模板

1—支柱（顶撑）；2—木楔；3—垫板；4—平台梁底模；5—梁侧模板；6—夹板；7—托木；8—牵扛；9—木楞；10—平台底模板；11—梯基侧模板；12—斜木楞（搁栅）；13—楼梯底模板；14—斜向顶撑；15—外帮板；16—横挡木；17—反三角木；18—踏步侧板；19—拉杆；20—木桩

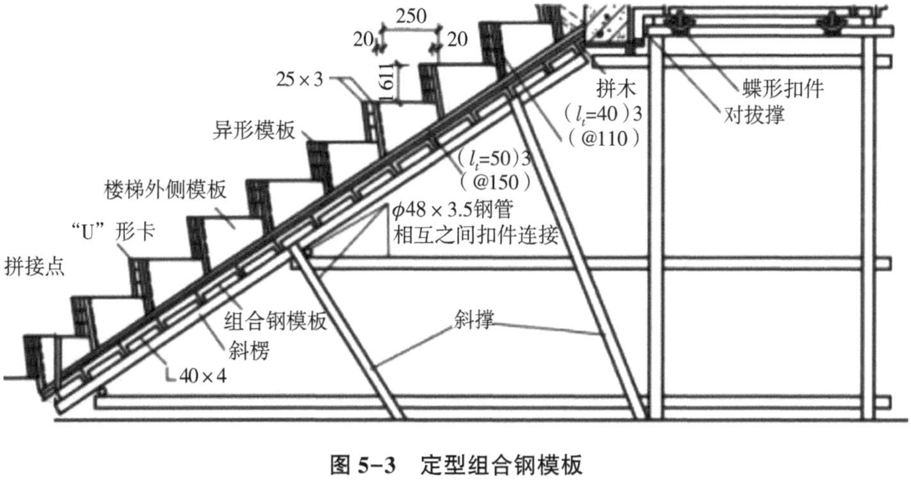

图 5-3　定型组合钢模板

楼梯模板施工与楼板模板施工相似，可参照整浇楼板的模板安装，只是两个平台梁不在同一标高处，梯段板又是斜向的，在底部需要安装斜向支撑（支柱），且梯段表面要增加踏步挡板（踏步模板）。楼梯段模板的安装根据施工人员的习惯，也有其他不同形式，可以用反三角木限定踏步模板的位置，也可以在楼梯两侧整块边侧模板上弹线并安装限位木方来固定踏步模板的位置。且当梯段宽度较大时，应在梯段宽度方向上间隔增设拉结固定。

先立平台梁、平台板的模板以及梯基的侧板。在平台梁和梯基侧模板上钉托木，将搁栅支于托木上，搁栅的间距为 400~500 mm，断面为 50 mm×100 mm。搁栅下立牵杠及牵杠撑，牵杠撑断面为 50 mm×150 mm，牵杠撑间距为 1~1.2 m，其下垫通长垫板。牵杠应与搁栅相垂直，牵杠撑之间应用拉杆相互拉结。

然后在搁栅上铺梯段底板，底板厚度 25~30 mm，底板纵向应与搁栅相垂直。在底板上划梯段宽度线，依线立外帮板，且梯段两侧都应设外帮板，外帮板可用夹木或斜撑固定。梯段中间加设反三角木，在反三角木与外帮板之间逐块钉踏步侧板，踏步侧板一头钉在外帮板的木档上，另一头钉在反三角木的侧面上。如果梯形较宽，应在梯段中间再加反三角木。

梯段侧板的宽度至少要等于梯段板厚度及踏步高，长度按梯段长度确定。反三角木是由若干三角木块钉在方块上，三角木块两直角边长分别等于踏步的高和宽，板的厚度为 50 mm，方木的断面为 50 mm×100 mm，每一梯段反三角木至少要配一块，楼梯较宽时可多配。反三角木用横楞及立木支吊。①

三、楼梯模板的施工

（一）楼梯模板安装流程介绍

楼梯模板安装流程如图 5-4 所示。

① 徐明霞，刘广文，孙明廷，等．混凝土结构工程施工［M］．2 版．北京：北京理工大学出版社，2016.

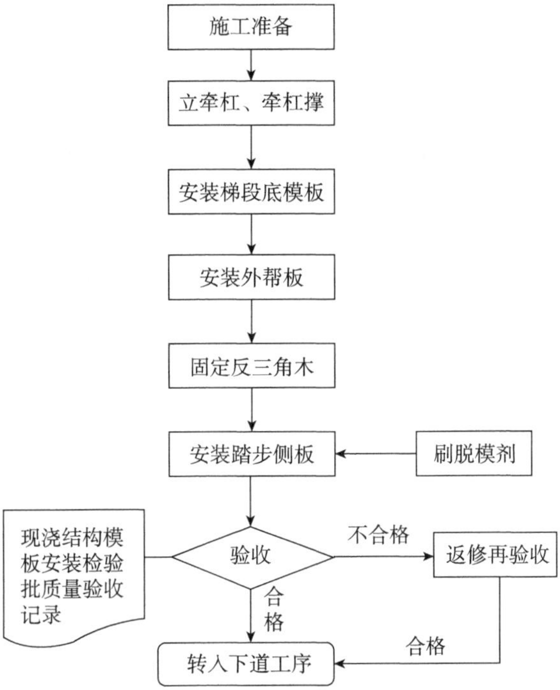

图 5-4 楼梯模板安装流程

（二）楼梯模板支设施工要点

（1）楼梯模板的构造与楼板模板相似，不同点是倾斜支设和支设楼梯底板踏步侧板。安装时，先在楼梯间墙上按设计标高画出楼梯段、楼梯踏步及平台板、平台梁的位置。在平台梁下搭设支架，立柱下设垫板，在钢管架上放木楞钉平台梁的底模板，立侧模，在平台处搁置木楞，铺钉平台底模板。

（2）在楼梯基础侧板上钉托木，将楼梯斜木楞钉在托木和平台梁侧板外的托木上。在斜木楞上面铺钉楼梯底模板，下面搭设支架，其间用拉杆拉结，再沿楼梯边立外帮板，用外帮板上的横档木将外帮板钉固在斜木楞上，先在其内侧弹出楼梯底板厚度线，用套板画出踏步侧板位置线。

（3）踏步板安装时，在楼梯斜面两侧木楞上将反三角木立起，反三角木的两端可钉固于平台梁和梯基侧板上，然后在反三角木与外帮板之间逐块钉上踏步侧板，踏步侧板一头钉在外帮板的木档上，另一头钉在反三角木的侧面上。如果梯段中间再加设反三角木，应用木档上下连接固定，以免发生踏步侧板凸肚现象，为了确保梯板符合要求的厚度，在踏步侧板下面可以垫以若干小木块，这些小木块在浇筑混凝土时随手取出。

（4）在楼段模板放线时，特别要注意每层楼梯的第一踏步与最后一个踏步的高度，踏步高度应均匀一致，最下一步及最上一步的高度，必须考虑到楼地面最后的装修厚度，才能杜绝踏步高低不同的偏差现象，以免影响用户使用及观感效果。

第二节　钢筋混凝土楼梯的制作与安装

一、现浇混凝土楼梯结构施工图制图要求

现浇混凝土楼梯结构平法施工图有平面注写、剖面注写和列表注写三种表达方式。

平面注写方式，如图 5-5 所示，是用在楼梯平面布置图上注写截面尺寸和配筋具体数值的方式来表达楼梯施工图，包括集中标注和外围标注。楼梯集中标注的内容包括：梯板类型代号与序号，棉板厚度，踏步段总高度和踏步级数，梯板支座上部纵筋、下部纵筋，梯板分布筋；楼梯外围标注的内容包括：楼梯间的平面尺寸、楼层的结构标高、层间结构标高、楼梯的上下方向、楼梯板的平面几何尺寸、平台板配筋、梯梁及柱配筋等。

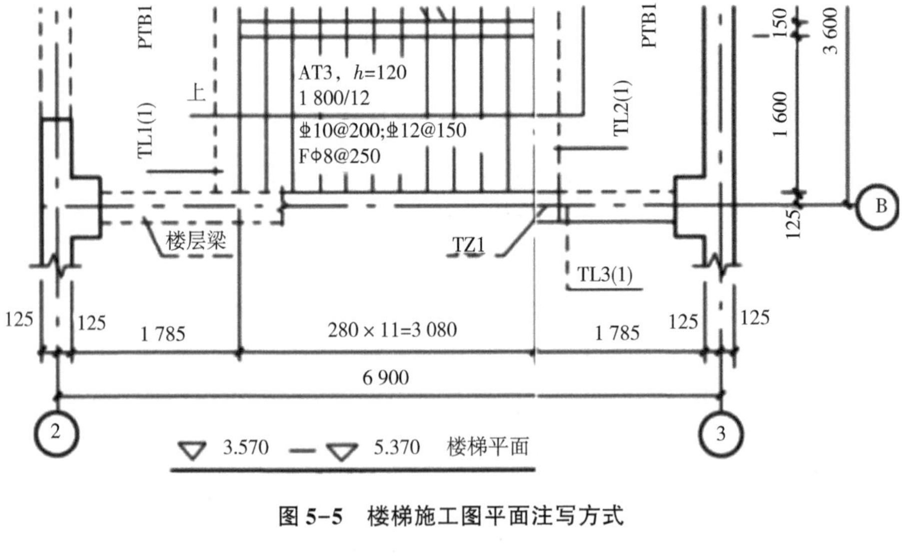

图 5-5　楼梯施工图平面注写方式

剖面注写方式，如 5-6 所示，需在楼梯平法施工图中绘制楼梯平面布置图和楼梯剖面图。注写方式分为平面注写、剖面注写两部分。楼梯平面布置注写内容包括：楼梯间平面尺寸、楼层结构标高、层间结构标高、楼梯的上下方向、梯板的平面几何尺寸、梯板类型及编号、平台板配筋、梯梁及梯柱配筋等。楼梯剖面注写方式包括：梯板集中标注，梯梁及梯柱编号、梯板水平及竖向尺寸、楼层结构标高、层间结构标高等。梯板集中标注的内容包括：梯板类型代号与序号、梯板厚度、梯板配筋、梯板分布筋。①

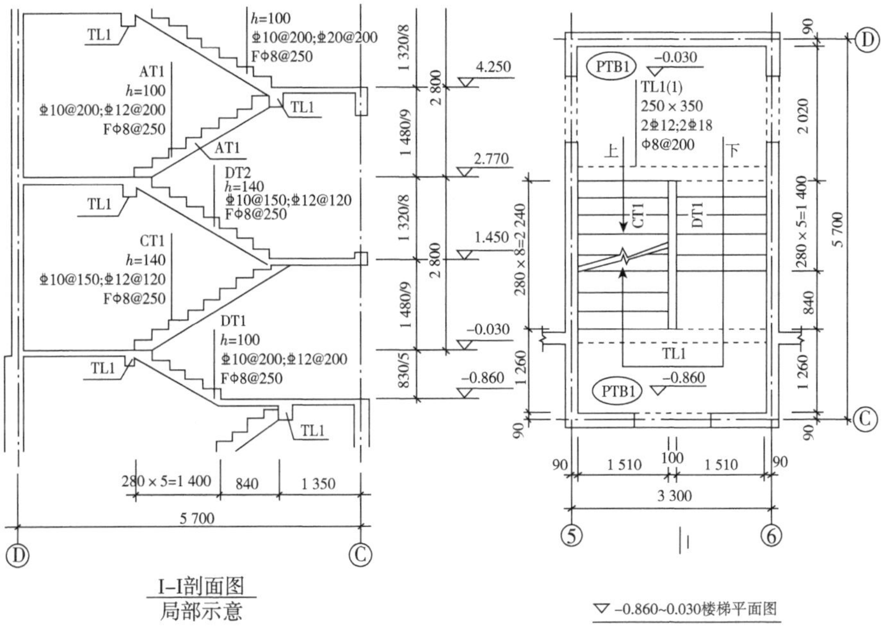

图 5-6　楼梯施工图剖面注写方式

列表注写方式，如表 5-2 所示。它是用列表方式注写楼梯板截面尺寸和配筋具体数值的方式来表达楼梯施工图。列表注写方式的具体要求同剖面注写方式，即将剖面注写方式中的梯板配筋集中标注改为列表注写。

楼层平台梁板配筋，可以绘制在楼梯平面图中，也可以绘制在各层梁板配筋图中；层间平台梁板配筋在楼梯平面图中绘制。楼梯平台板可以与该层的现浇楼板整体设计。

① 徐明霞，刘广文，孙明廷，等．混凝土结构工程施工［M］．2 版．北京：北京理工大学出版社，2016.

表 5-2　楼梯列表注写方式

楼板类型编号	踏步高度/踏步级数	板厚 h	上部纵筋	下部纵筋	分布筋
AT1	1 480/9	100	⌀10@200	⌀12@200	Φ8@250
CT1	1 480/9	140	⌀10@150	⌀12@120	Φ8@250
CT2	1 320/8	100	⌀10@200	⌀12@200	Φ8@250
DT1	830/5	100	⌀10@200	⌀12@200	Φ8@250
DT2	1 320/8	140	⌀10@150	⌀12@120	Φ8@250

注：本示例中梯板上部钢筋在支座处考虑充分发挥钢筋抗拉强度作用进行锚固。

二、楼梯钢筋绑扎与安装

（一）钢筋的下料计算

板式楼梯钢筋构造，如图 5-7 所示。

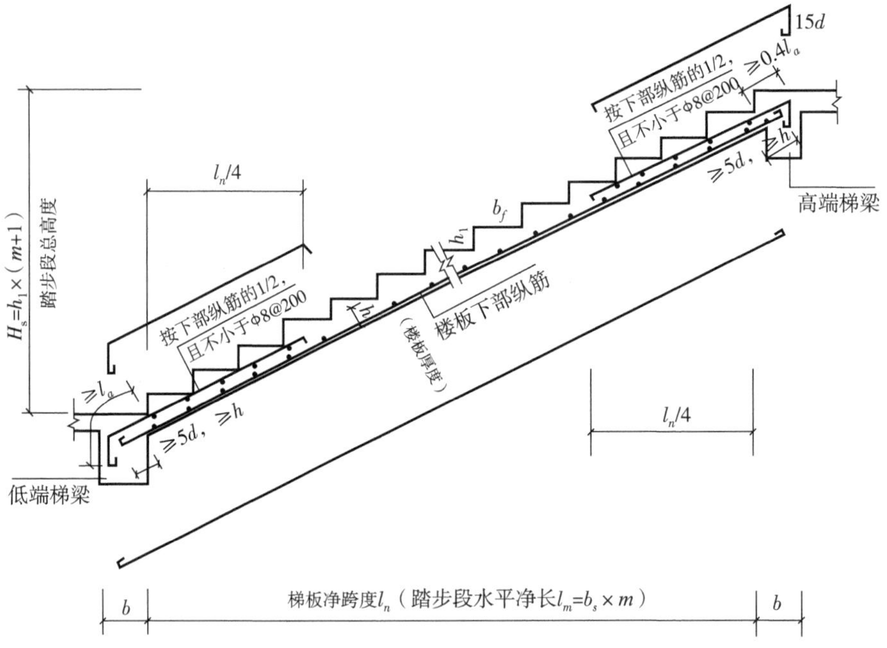

图 5-7　板式楼梯钢筋构造

1. 梯板下部纵筋

梯板下部纵筋位于 AT 踏步段斜板的下部，其计算依据为梯板净跨度 l_n；梯板下部纵筋两端分别锚入高端梯梁和低端梯梁。其锚固长度满足≥$5d$，且≥h；在具体计算中，可以取锚固长度 $a=\max(5d，h)$。

根据上述分析，梯板下部纵筋的计算过程如下。

（1）下部纵筋以及分布筋长度的计算。

梯板下部纵筋的长度 $l=l_n\times$斜坡系数 $k+2\times a$，其中 $a=\max(5d，h)$；分布筋长度= $b_n-2\times$保护层

（2）下部纵筋以及分布筋根数的计算。

梯板下部纵筋的根数=($b_n-2\times$保护层)/间距+1；

分布筋的根数=($l_n\times$斜坡系数 k − 50×2)/间距+1。

2. 梯板低端扣筋

梯板低端扣筋位于踏步段斜板的低端；扣筋的一端扣在踏步段斜板上，直钩长度为 h_1；扣筋的另一端锚入低端梯梁内，弯锚长度为 l_a（弯锚部分由锚入直段长度和直钩长度 l_2 组成）；扣筋的延伸长度水平投影长度为 $l_n/4$，l_1 表示的是纵向受拉钢筋搭接长度。

根据上述分析，梯板低端扣筋的计算过程如下：

（1）低端扣筋以及分布筋长度的计算。

$l_1=[l_n/4+(b-\text{保护层})]\times$斜坡系数 k；

$l_2=[l_a-(b-\text{保护层})]\times$斜坡系数 k；

$h_1=h-$保护层；分布筋 $=b_n-2\times$保护层。

（2）低端扣筋以及分布筋根数的计算。

梯板低端扣筋的根数=（$b_n-2\times$保护层）/间距+1；

分布筋的根数=（$l_n/4\times$斜坡系数 k）/间距+1。

3. 梯板高端扣筋

梯板高端扣筋位于踏步段斜板的高端，扣筋的一端扣在踏步段斜板上，直钩长度为 h_1 扣筋的另一端锚入高端梯梁内，锚入直段长度≥0.4 l_a，直钩长度 l_2 为 $15d$，扣筋的延伸长度水平投影长度为 $l_n/4$。

根据上述分析，梯板高端扣筋的计算过程如下：

（1）高端扣筋以及分布筋长度的计算。

$h_1 = h -$保护层；$l_1 = l_n/4\times$斜坡系数$k+0.4l_a$；$l_2 = 15d$；

分布筋$= b_n - 2\times$保护层。

（2）高端扣筋以及分布筋根数的计算。

梯板高端扣筋根数$=(b_n - 2\times$保护层$)/$间距$+1$；

分布筋的根数$=(l_n/4\times$斜坡系数$k)/$间距-1。

（二）楼梯钢筋绑扎与安装

1. 楼梯钢筋绑扎施工工艺流程

楼梯钢筋绑扎施工工艺流程，如图 5-8 所示。

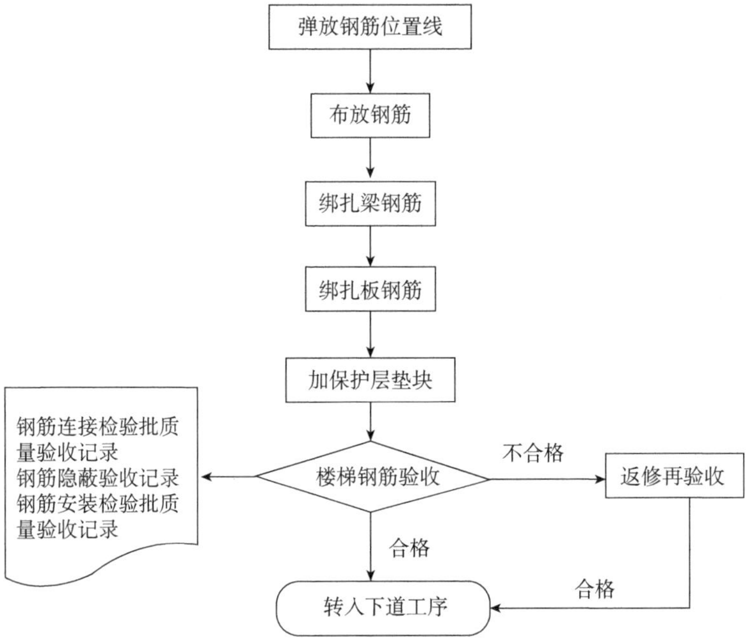

图 5-8 楼梯钢筋绑扎施工流程

2. 楼梯与钢筋绑扎施工的要点

楼梯钢筋下料制作的原理方法同梁板柱钢筋的下料制作。但应确定每层楼梯的钢筋安装、连接方法。一般上一层楼梯的底板钢筋、负筋可在绑扎楼板梁或平台梁钢筋时预先埋设完毕，为保证其位置和斜度，可用跨越楼梯间洞口的钢筋支架将其固定，待下一层楼梯支模完毕绑扎钢筋时，再进一步校正位置并一次性绑扎完成。休息平台梁的钢筋一般要在结构中设置预埋钢筋头（长度应满足连接长度要求），当进行该层楼梯施工时，绑扎休息平台梁钢筋并与结构中预埋钢筋可靠连接，而后绑扎梯段板钢筋。

楼梯钢筋绑扎应满足以下要求：在楼梯段底模上画主筋和分布筋的位置线；根据设计图纸主筋、分布筋的方向，先绑扎主筋后绑扎分布筋，每个交点均绑扎，如果有楼梯梁时，先绑梁钢筋后绑板筋，且板筋要锚固到梁内；底板筋绑完，待踏步模板吊绑完成后再绑扎踏步钢筋；主筋接头数量和位置均要满足施工及验收规范要求。

应注意以下质量问题：

（1）钢筋变形：钢筋骨架绑扎时应注意绑扣方法，宜采用十字扣或套扣绑扎。

（2）板负弯矩钢筋位置应准确，施工时不应踩到下面。

（3）当钢筋品种、级别或规模须作变更时，应办理设计变更文件。

（4）在浇筑混凝土之前，应进行钢筋隐蔽工程验收，其内容包括：钢筋的连接方式、接头位置、接头数量、接头面积百分率等；箍筋、横向钢筋的品种、规格、数量、间距等；预埋件的规格、数量、位置等。

第三节　钢筋混凝土楼梯的浇筑技术分析

一、楼梯浇筑的主要要点分析

（一）浇筑方向

楼梯段混凝土自下而上浇筑，先振实底板混凝土，达到踏步位置时再与踏步混凝土一起浇筑，不断连续向上推进，并随时用木抹子（或塑料抹子）将踏步上表面抹平，楼梯混凝土宜连续浇筑完成。

（二）送浆方法

料斗或小车将浆料卸在拌板上，再用小铁桶传递。

（三）振捣

注意踢板与踏板之间的阴角，既要饱满，又不能使踏板超厚。

（四）养护

楼梯达到一定强度方可拆模，拆模日期应按结构特点和混凝土所达到的强度确定。

二、楼梯浇筑施工缝的留置

浇筑混凝土应连续进行，如必须间歇，间歇时间应尽量缩短。间歇的最长时间应按所用水泥品种及混凝土凝结条件确定。混凝土在浇筑过程中的最大间歇时间不得超过表 5-3 的规定。

表 5-3　混凝土浇筑中的最大间歇时间

混凝土强度等级	气温	
	<25 ℃	≥25 ℃
≤C30	210 h	180 h
>C30	180 h	150 h

（一）施工缝留置位置

如果由于技术上或组织上的原因，混凝土不能连续浇筑完毕，如中间间歇时间超过了表 5-3 规定的混凝土运输和浇筑所允许的间歇时间，这时由于先浇筑的混凝土已经凝结，继续浇筑时，后浇筑的混凝土的振捣将破坏先浇筑的混凝土的凝结。在这种情况下，应留置施工缝（新旧混凝土接茬处称为施工缝）。根据结构情况，可将施工缝位置留设于楼梯平台板跨中或楼梯段 1/3 范围内。通常情况下，施工缝留在第三步台阶处。

（二）施工缝浇筑相关规定

已浇筑的混凝土，其抗压强度不应小于 1.2 N/mm^2。在已硬化的混凝土表面上，应清除水泥薄膜和松动石子以及软弱混凝土层，并加以充分湿润和冲洗干净，且不得积水。浇筑混凝土前，宜先在施工缝处铺一层水泥浆或与混凝土内成分相同的水泥砂浆。

参考文献

[1]侯献语,傅鸣春,查湘义. 钢筋混凝土结构[M]. 武汉:华中科技大学出版社,2018.

[2]李平原,张巨璟,魏琦. 混凝土结构工程施工[M]. 上海:上海交通大学出版社,2017.

[3]孟文路. 混凝土结构工程[M]. 北京:中国铁道出版社,2012.

[4]穆丹丹,祝冰青,李伟珍. 钢筋混凝土结构工程施工[M]. 天津:天津大学出版社,2017.

[5]欧阳钦,陈浩,唐小强,等. 混凝土结构工程施工[M]. 重庆:重庆大学出版社,2016.

[6]宋功业,鲁平,闫帅平. 混凝土结构工程施工[M]. 武汉:武汉大学出版社,2016.

[7]苏晓华,白东丽,刘宇. 钢筋混凝土工程施工[M]. 北京:北京理工大学出版社,2020.

[8]田春鹏. 装配式混凝土结构工程[M]. 武汉:华中科技大学出版社,2020.

[9]魏文彪. 混凝土结构工程[M]. 武汉:华中科技大学出版社,2013.

[10]徐明霞,刘广文,孙明廷,等. 混凝土结构工程施工[M]. 2 版. 北京:北京理工大学出版社,2016.

[11]张巨松,许峰,佟钰. 混凝土原材料[M]. 哈尔滨:哈尔滨工业大学出版社,2019.

[12]陈辉. 钢筋混凝土剪力墙结构大模板施工探析[J]. 住宅产业,2022(6):93-96.

[13]程小卫,纪晓东,李易,等. 钢筋混凝土剪力墙拉弯受力性能试验和模拟[J]. 工程力学,2022,39(1):79-90.

[14]崔凤洪．建筑工程屋顶钢筋混凝土施工技术探究[J]．黑龙江科学，2022，13(12)：70-71.

[15]邓港．改善钢筋混凝土剪力墙抗震性能方法综述[J]．建筑结构，2022，52(S2)：704-711.

[16]邓统旺．浅谈房屋建筑施工中钢筋混凝土结构施工技术的应用[J]．黑龙江科学，2015，6(10)：140+107.

[17]邓小芳，靳龙梅，朱传智，等．锈蚀钢筋混凝土梁抗冲击荷载数值模拟研究[J]．科学技术与工程，2022，22(24)：10662-10673.

[18]李庆伟．钢筋混凝土结构施工阶段质量问题的预防及处理措施[J]．四川建材，2017，43(6)：197+199.

[19]毛明杰，李兆鹏，杨秋宁，等．混凝土强度对钢筋混凝土桥面板抗冲切性能的影响[J]．建筑结构，2021，51(20)：115-123+6.

[20]聂占杰．高层建筑钢筋混凝土梁式转换层施工技术[J]．散装水泥，2022(3)：133-135.

[21]钱凯，谭鑫宇，李治，等．高温下钢筋混凝土板抗冲击性能及其影响因素[J]．工程力学，2023，40(1)：132-143+154.

[22]时言，裘子铭．高层建筑钢筋混凝土剪力墙结构的设计研究[J]．中国住宅设施，2022(10)：1-3.

[23]佟川．房屋建筑施工中钢筋混凝土结构施工技术的应用[J]．居舍，2019(2)：61.

[24]王世杰．房屋建筑钢筋混凝土结构施工技术要点分析[J]．住宅与房地产，2021(12)：135-136.

[25]王作虎，罗义康，邵明哲，等．钢筋混凝土柱抗震性能的尺寸效应数值分析[J]．工程抗震与加固改造，2022，44(4)：12-19.

[26]熊逸飞．高强钢筋混凝土柱抗震性能数值模拟[J]．安徽建筑，2022，29(5)：47-49.

[27]焉永强．钢筋混凝土水池设计中的裂缝控制[J]．科学中国人，2015(12)：82.

[28]张耀文，余鸣飞，史鹏磊，等．钢筋混凝土梁正截面受弯破坏数值分析[J]．广州航海学院学报，2022，30(3)：66-71.

[29]张泽明．钢筋混凝土桥梁耐久性设计的方法[J]. 中华建设,2017(1):98-99.

[30]周浪．钢筋混凝土板底加固无支撑模板施工工艺[J]. 建筑工人,2022,43(6):22-24.